智能制造专业群"十三五"规划教材

工业视觉
实用教程

主　编　崔　吉　崔建国
副主编　张燕超

上海交通大学出版社
SHANGHAI JIAO TONG UNIVERSITY PRESS

内容提要

本书共 5 章,以 SV 系列智能相机为硬件基础,以 X‐sight STUDIO 为基础软件,内容涉及工业视觉系统概述、工业视觉系统硬件基础、工业视觉基本算法、机器视觉系统组成和视觉应用典型案例。让读者从硬件和软件两个方面学习工业视觉的设计和应用。

本书适合从事机器视觉系统开发应用的技术人员以及职业教育院校制造大类、电子信息大类及计算机等相关专业的学生使用。

图书在版编目(CIP)数据

工业视觉实用教程/ 崔吉,崔建国主编. 一上海:
上海交通大学出版社,2018
ISBN 978‐7‐313‐20234‐5

Ⅰ.①工… Ⅱ.①崔… ②崔… Ⅲ.①计算机视觉—高等职业教育—教材 Ⅳ.①TP302.7

中国版本图书馆 CIP 数据核字(2018)第 219682 号

工业视觉实用教程

主 编:崔 吉 崔建国
出版发行:上海交通大学出版社　　　　　　　地　　址:上海市番禺路 951 号
邮政编码:200030　　　　　　　　　　　　　电　　话:021‐64071208
出 版 人:谈 毅
印 制:上海景条印刷有限公司　　　　　　　经　　销:全国新华书店
开 本:787 mm×1092 mm 1/16　　　　　　印　　张:9
字 数:207 千字
版 次:2018 年 10 月第 1 版　　　　　　　　印　　次:2018 年 10 月第 1 次印刷
书 号:ISBN 978‐7‐313‐20234‐5/ TP
定 价:32.00 元

智能制造专业群"十三五"规划教材
编委会名单

委　员　（按姓氏首写字母排序）

蔡金堂　上海新南洋教育科技有限公司

常韶伟　上海新南洋股份有限公司

陈永平　上海信息职业技术学院

成建生　淮安信息职业技术学院

崔建国　上海智能制造功能平台

高功臣　河南工业职业技术学院

郭　琼　无锡职业技术学院

黄　麟　无锡职业技术学院

江可万　上海东海职业技术学院

蒋庆斌　常州机电职业技术学院

孟庆战　上海新南洋合鸣教育科技有限公司

那　莉　上海交大教育集团

秦　威　上海交通大学机械与动力工程学院

邵　瑛　上海信息职业技术学院

薛苏云　常州信息职业技术学院

王维理　上海交大教育集团

徐智江　上海豪洋智能科技有限公司

杨　萍　上海东海职业技术学院

杨　帅　淮安信息职业技术学院

杨晓光　上海新南洋合鸣教育科技有限公司

张季萌　河南工业职业技术学院

赵海峰　南京信息职业技术学院

前言
preface

　　目前,中国正处于智能制造和工业 4.0 的关键时期,视觉系统已在现代自动化生产中广泛应用,涉及各种各样的检验、生产监视及零件识别应用。机器视觉系统利用机器代替人眼来做各种测量和判断。它是计算机学科的一个重要分支,综合了光学、机械、电子、生物、计算机软硬件等方面的技术,涉及计算机、图像处理、模式识别、人工智能、信号处理、光机电一体化等多个领域。图像处理和模式识别等技术的快速发展,也大大地推动了机器视觉的发展。21 世纪,随着深度学习、自主神经网络的发展,机器视觉即将跨入一个新的时代。

　　机器视觉系统的特点是提高生产的柔性和自动化程度。在一些不适合人工作业的危险工作环境或人工视觉难以满足要求的场合,常用机器视觉来替代人的视觉;同时在大批量工业生产过程中,用人工视觉检查产品质量效率低且精度不高,用机器视觉检测方法可以大大提高生产效率和生产的自动化程度。而且机器视觉易于实现信息集成,是实现计算机集成制造的基础技术。可以在最快的生产线上对产品进行测量、引导、检测和识别,并能保质、保量地完成生产任务。为了适应校企合作,培养机器视觉人才的需要,依据企业机器视觉工程师岗位技能要求,笔者总结了多年的生产一线实践以及技能大赛和教学经验,按照机器视觉系统的组成编写了这本教材。

　　全书分为 5 章,以 SV 系列智能相机为硬件基础、X‑sight STUDIO 为开发软件,主要内容包括工业视觉系统概述、工业视觉系统硬件基础、工业视觉基本算法、机器视觉系统组成和视觉应用典型案例。在工业视觉系统概述中,介绍了机器视觉的概念、基本系统组成、系统开发环境和工业视觉的应用;在工业视觉系统硬件基础中,主要讲解了工业视觉系统特点,相机工作原理、参数、分类及选型,镜头分类及选型,光源分类及选型,还介绍了焦距、畸变、调制传递函数等基本理论知识;在工业视觉基本算法中,介绍了图像存储格式、二值图像、灰度图像、ROI、预处理与形态学、膨胀与腐蚀、Blob、仿射变换等理论知识;机器视觉系统组成中,介绍了 SV 系列智能相机、X‑sight 软件使用和目前其他常用的图像处理软件,并具体介绍了图案定位、轮廓定位、二维码识别等实际应用;在视觉应用典型案例中,在介绍字符和图像缺陷检测、一维码和二维码识别、OCR 字符识别等技术基础上,详细阐述产品零件检测、几何量测量和缺陷检测系统的建立的流程。本书内容新颖,资料翔实,图文并茂,通俗易懂,理论与生产实践有机结合,可作为机电一体化、工业机器人技术、自动化、机械制造等专业的教材，也可作为机器视觉培训教材。

本书由崔吉、崔建国担任主编，张燕超担任副主编；潘凤群、曹美参与编写。其中，崔吉、张燕超参与编写第 1 章至第 5 章，崔建国参与编写第 2 章、第 3 章和第 5 章。

在本书编写过程中得到新南洋职业教育集团、无锡信捷电气有限公司的全力支持，南京信息职业技术学院舒平生、段向军、赵海峰等同志为本书编写提供了好的建议，在此一并致以诚挚的谢意。

限于水平，本书存在的错误与纰漏，恳切希望专家及广大读者批评指正，提出宝贵的意见和建议，以便教材修订时补充更正，使本书更加充实和完善。

目录

contents

1

工业视觉系统概述

随着科技的飞速发展,生产工艺复杂程度急剧增加。为满足人民对制造业和加工业产品越来越高的质量要求,制造商在不断提高生产效率的同时加强了对产品质量的控制。更高的质量标准使得仅凭人眼测量在许多行业中难以保证产品质量和生产效率。伴随着成像器件、计算机、图像处理等技术的快速发展,机器视觉系统正越来越多地应用于各个领域,代替人工进行全自动化的产品检测、工艺验证,甚至整个生产工艺的自动控制。自从信号处理理论和计算机出现以后,人们用摄像机获得图像并将其转换成数字信号,用计算机实现对视觉信息处理全过程的管理,从而形成了机器视觉这门新兴学科。近 20 年随着各学科的发展和计算机技术的发展,机器视觉技术发展迅速,并广泛应用于如医学辅助诊断、工业机器人、公共场所安全、虚拟现实等领域。美国机器人工业协会(Robotic Industries Association,RIA)的自动化组对机器视觉下的定义为:"机器视觉是通过光学的装置和非接触的传感器自动地接收和处理一个真实物体的图像,以获得所需信息或用于控制机器人运动的装置"。近几年随着人工智能快速发展,机器人视觉研究和应用将更加广泛。

视觉是人们最强大的感知方式,它为我们提供了关于周围环境的大量信息,使得我们可以在不需要进行身体接触的情况下,直接与周围环境进行智能交互。离开视觉,我们将丧失许多有利条件,因为通过视觉可以了解物体的位置及其一些其他的属性,以及物体之间的相对位置关系。因此,不难理解自从数字计算机出现以后,人们就不断地尝试将视觉感知赋予机器。视觉又是人类最复杂的感官,我们所积累的关于生物视觉系统实现方式的知识,仍然是不完整的;并且,这些知识主要是关于生物系统对直接来自感知器的信号处理过程。我们所知道的有关生物视觉系统的确是非常复杂的!难怪许多将视觉感知赋予机器的尝试最后都以失败告终。但是在这个过程中,人类仍然取得了巨大的进步,现在那些能够在各种不同环境下工作的视觉系统,已经成为很多机器的一部分。

机器视觉随着工业应用发展取得了较大进步。图 1-1 所示的是自动化生产线中使用视觉系统检测产品。如今,中国正成为世界机器视觉发展最活跃的地区之一,应用范围涵盖了工业、农业、医药、军事、航天、气象、天文、公安、交通、安全、科研等国民经济的各个行业。其重要原因是中国已经成为全球制造业的加工中心,高要求的零部件加工及其相应的先进生产线,使许多具有国际先进水平的机器视觉系统和应用经验也进入了中国。经历过长期的蛰伏,2010 年中国机器视觉市场迎来了爆发式增长。中国机器视觉市场规模达到了 8.3

亿元,同比增长了 48.2%,其中智能相机、软件、光源和板卡的增长幅度都达到了 50%,工业相机和镜头也保持了 40%以上的增幅,皆为 2007 年以来的最高水平,如图 1-2 和图 1-3 所示。

2011 年,中国机器视觉市场步入后增长调整期,相较 2010 年的高速增长,虽然增长率有所下降,但仍保持很高的水平。2011 年中国机器视觉市场规模为 10.8 亿元,同比增长 30.1%,增速同比 2010 年下降 18.1 个百分点,其中智能相机、工业相机、软件和板卡都保持了不低于 30%的增速,光源也达到了 28.6%的增长幅度,增幅远高于中国整体自动化市场的增长速度。电子制造行业仍然是拉动需求高速增长的主要因素。2011 年机器视觉产品电子制造行业的市场规模为 5.0 亿元人民币,增长 35.1%。市场份额达到了 46.3%。电子制造、汽车、制药和包装机械占据了近 70%的机器视觉市场份额。

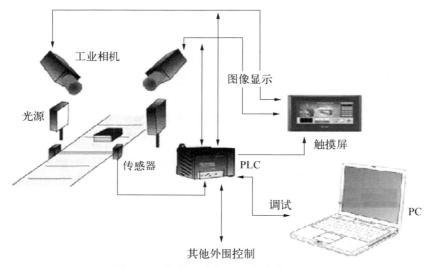

图 1-1 视觉系统在工业中的典型应用

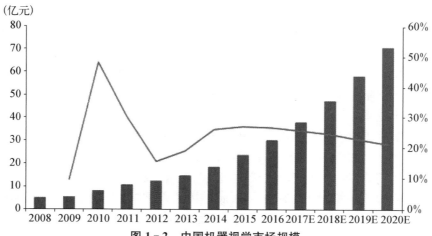

图 1-2 中国机器视觉市场规模

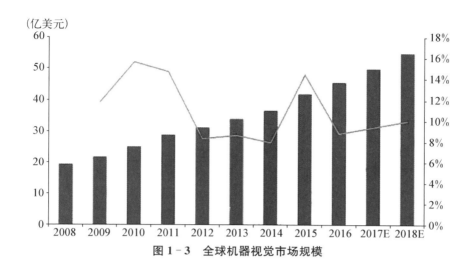

图 1 - 3　全球机器视觉市场规模

1.1　工业视觉系统基本构成

视觉系统(见图 1 - 4)大致包括光源、镜头(定焦镜头、变倍镜头、远心镜头、显微镜头)、相机(包括 CCD 相机和 COMS 相机)、图像处理单元(或图像捕获卡)、图像处理软件、监视器、通信/输入输出单元等部分。系统可再分为：主端电脑(host computer)、影像采集卡(frame grabber)与影像处理器、影像摄影机、CCT 镜头、显微镜头、照明设备、Halogen 光源、LED 光源、高周波荧光灯源、闪光灯源、其他特殊光源、影像显示器、LC 机构及控制系统、PLC、PC - Base 控制器、精密桌台、伺服运动机台。

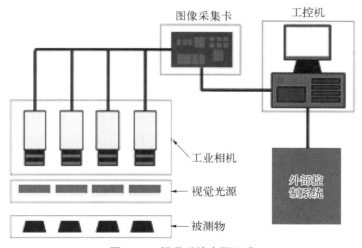

图 1 - 4　视觉系统主要组成

视觉系统是用机器代替人眼来做测量和判断。视觉系统是指通过机器视觉产品(即图像摄取装置,分 CMOS 和 CCD 两种)将被摄取目标转换成图像信号,传送给专用的图像处理系统,根据像素分布和亮度、颜色等信息,转变成数字化信号;图像系统对这些信号进行各种运算来抽取目标的特征,进而根据判别的结果来控制现场的设备动作。它可用于生产、装配或包装,其在检测缺陷和防止缺陷产品被配送到消费者的功能方面具有不可估量的价值。

机器视觉系统的特点是提高生产的柔性和自动化程度,如图 1-5 所示。在一些不适合于人工作业的危险工作环境或人工视觉难以满足要求的场合,常用机器视觉来替代人工视觉。在大批量工业生产过程中,用人工视觉检查产品质量效率低且精度不高,而用机器视觉检测方法则可以大大提高生产效率和生产的自动化程度。而且机器视觉易于实现信息集成,是实现计算机集成制造的基础技术。可以在最快的生产线上对产品进行测量、引导、检测和识别,并能保质、保量地完成生产任务。

图 1-5　机器视觉系统应用

1.2　图像处理基础

图像处理、模式分类、场景分析 3 个领域与机器视觉紧密联系在一起。

1.2.1　图像处理

图像处理主要是从已有的图像中产生出一张新的图像,图像处理所使用的技术大部分来自线性系统的理论。图像处理所产生的新图像,经过噪声抑制、去模糊、边缘增强等操作得出新的图像,这对于设计机器视觉处理模块和图像处理技术是很有用的。

1.2.2　模式分类

模式分类主要任务是对"模式"进行分类。这些"模式"通常是一组用来表示物体属性给定数据(或关于这些属性的测量结果),如物体的高度、重量等。尽管分类器的输入并不是图像,但是,模式分类技术往往可以有效地用于对视觉系统所产生的结果进行分析。识别一个物体,就是将其归为一些已知类中的某一类。但是,需要注意的是,对物体的识别只是机器视觉系统的众多任务中的一个,在对模型分类的研究中,我们得到了一些对图像进行测量的简单模型。因此,对于以任意姿态出现的三维空间中的物体,通常无法直接使用这些模型来进行处理。

1.2.3 场景分析

场景分析是将从图像中获取的简单描述转化为一个更加复杂的描述。对于某些特定的任务,这些复杂描述会更加有用。这方面的一个经典例子(见图1-6)是对线条图进行解释,这里需要对一张由几个多面体构成的图形进行解释。在能够用线段集来对线条图进行解释之前,首先需要确定,这些由线段所勾勒出的图像区域是如何组合在一起的(从而形成物体),此

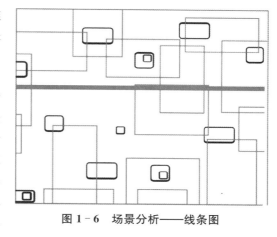

图1-6 场景分析——线条图

外还想知道物体之间是如何相互支撑的。这样,从简单的符号描述(即线段集中),我们获得了复杂的符号描述(包括图像区域之间的关系,以及物体之间的相互支撑关系)。注意这里分析和处理并不是从图像开始,而是从对图像的简单描述(即线段集)开始的,因此,这并不是从机器视觉的核心描述开始的,也不是机器视觉的核心问题。机器视觉的核心问题是:**从一张或多张图像中生成一个符号描述!**

1.2.4 视觉系统中的组件

在图1-4中可以看出视觉系统的主要组成部分,下面简单介绍几个主要的组件。

(1)图像采集卡。(图像采集卡的功能是将图像信号采集到电脑中,以数据文件的形式保存在硬盘上。它是进行图像处理必不可少的硬件设备,通过它可以把摄像机拍摄的视频信号从摄像带上转存到计算机中,利用相关的视频编辑软件,对数字化的视频信号进行后期编辑处理,比如剪切画面、添加滤镜、字幕和音效、设置转场效果以及加入各种视频特效等。最后将编辑完成的视频信号转换成标准的VCD、DVD以及网上流行媒体等格式,方便传播)只是完整的机器视觉系统的一个部件,但是它扮演了一个非常重要的角色。图像采集卡直接决定了摄像头的接口:黑白、彩色、模拟、数字等。

比较典型的是PCI或AGP兼容的捕获卡,可以将图像迅速地传送到计算机存储器进行处理。有些采集卡有内置的多路开关。例如,可以连接8个不同的摄像机,然后告诉采集卡采用哪一个相机抓拍到的信息。有些采集卡有内置的数字输入以触发采集卡进行捕捉,当采集卡抓拍图像时数字输出口就触发闸门。

(2)图像处理。是针对图像本身进行一些处理,这里可以是工业、医疗、娱乐、多媒体、广告等多个行业的,如常见的Photoshop也是图像处理软件,使用此软件从事相关工作的人也即是图像处理人员。其他行业也有类似的效果,即将原始图像,通过一些算法、技术、手段等,转换成用户自己认为理想的图像,即把图像给处理了。

(3)计算机视觉。或者说是机器视觉(计算机视觉与机器视觉略有不同,不过很相近),则类似于人类的视觉效果,只不过是用到了机器、计算机上。其中大部分的机器视觉都包含了图像处理的过程,只有经过图像处理,才能找到图像中需要的特征,从而进一步执行其他的指令动作,如机械手臂的运动、机台的移动等,这些应用在大学里主要表现在机器人上,如

机器人踢球、下棋等,在工业上,则主要应用于工业机器人,完成自动生产、装配、检测等工作,富士康公司就有大量的机器人;在农业上,则表现在一些自动收割机,如棉花收割,自动分类机器等。

当然也有一些机器视觉是不需要图像处理的,如经过相机镜头等直接连接到显示器上观察,其结果好坏是由人来判断,这时图像处理的过程是由人自己完成,而不是计算机。还有一些图像传感器有固定的特性,如颜色传感器,只要有信号出来即可,但是没有图像处理的。

计算机视觉一定是包含计算机的,而机器视觉则不一定需要计算机,可以是智能相机,也可以是图像传感器,当然也可以使用计算机完成。

(4)视觉处理器。视觉处理器集采集卡与处理器于一体。以往计算机速度较慢时,采用视觉处理器加快视觉处理任务。由于采集卡可以快速传输图像到存储器,而且现在计算机速度也快多了,所以视觉处理器用得就比较少了。

1.3 工业视觉系统开发环境

本教材以某公司 X‑SIGHT 机器视觉系统为例,该系统主要包括 SV 系列智能相机、光源控制器、光源、镜头、连接端口和电缆等部分,如图 1‑7 所示。本相机为智能化一体相机,通过内含的 CMOS 传感器采集高质量现场图像,内嵌数字图像处理(digital signal processor,DSP)芯片,能脱离 PC 机对图像进行运算处理,PLC 在接收到相机的图像处理结果后,进行动作输出。

图 1‑7 智能相机

相机有两个接口,分别为 RJ45 网口与 DB15 串口,连接时,用交叉网线连接相机与计算机,用 SW‑IO 串口线连接相机与电源控制器。

相机支持的通信方式包括:RS‑485、100 M 以太网。相机通过 RS‑485 串口可以与所有支持 MODBUS 通信协议的 RS‑485 设备通信,通过 100 M 以太网可以与所有支持 MODBUS‑TCP 通信协议的 100 M 以太网设备通信。X‑SIGHT 上位机软件 X‑sight STUDIO(可从官网下载相关版本软件),如图 1‑8 所示。

系统安装要求。本软件适合于运行在 Windows 2000、Windows XP、Windows Vista 及以上等平台。

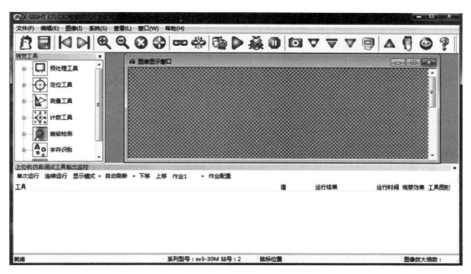

图 1 - 8 智能相机上位机软件 STUDIO 界面

1) 上位机以太网卡配置

(1) 选择"开始"→"设置"→"控制面板"选项(见图 1 - 9)。

(2) 双击网络连接。

图 1 - 9 电脑控制面板

(3) 右击与智能相机相连接的本地连接(本例为本地连接 1),选择属性。

(4) 选择"Internet 协议(TCP/IP)"项,单击"安装"按钮(见图 1 - 10)。

(5) Internet 协议(TCP/IP)属性(见图 1 - 11)。

图 1 - 10 本地连接 IP 选择界面

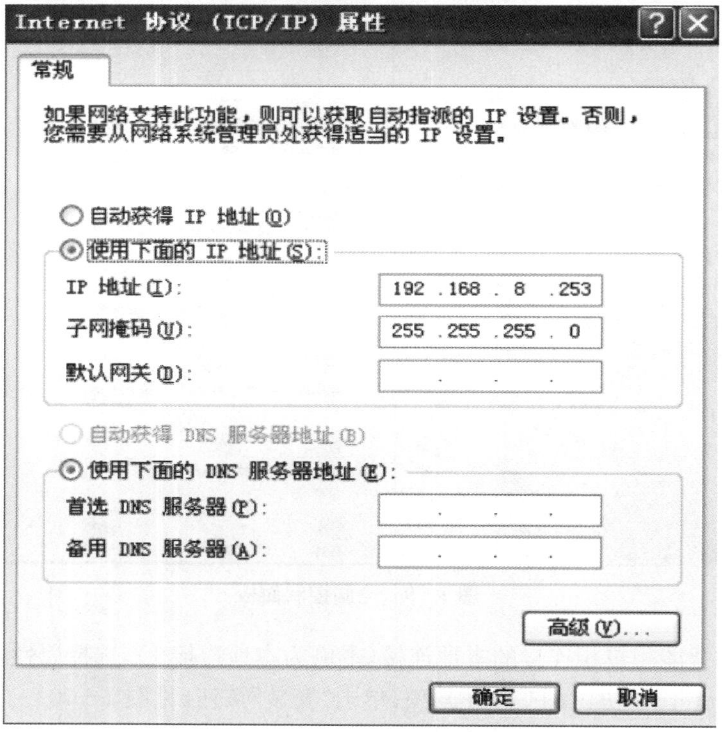

图 1 - 11 IP 地址属性设置界面

① 将 IP 地址设置为 192.168.8.253。

② 子网掩码为 255.255.255.0。

③ 默认网关可以不填。

④ DNS 服务器都不填。

2）界面的基本构成

界面的基本构成如图 1-12 所示。

标题：在X-SIGHT STUDIO后面，显示"智能相机开发软件"

菜单栏：在下拉菜单中选择要进行的操作

常规工具栏：显示"打开""保存"等基本功能的图标

相机工具箱：显示所有处理工具

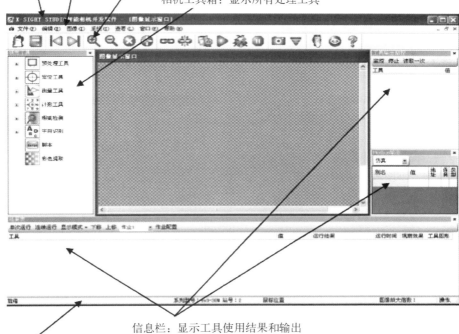

信息栏：显示工具使用结果和输出

状态栏：显示PLC型号、通信方式及PLC的运行状态

注：各窗体可随意调整位置和大小

图 1-12　上位机软件

3）常规工具栏

常规工具栏如表 1-1 所示。

表 1-1　X-SIGHT 软件常用工具栏

	打开	打开所需处理的 BMP 图片
	工程另存为	另存为现在所编辑的工程

（续表）

	上一张图像	在打开一个图像序列时，浏览上一张图片
	下一张图像	在打开一个图像序列时，浏览下一张图片
	放大	放大现在正在编辑的图片
	缩小	缩小现在正在编辑的图片
	恢复原始图像大小	恢复现在正在编辑的图片的原始大小
	连接服务器	连接智能相机
	断开服务器	中断与智能相机的连接
	采集	采集模式只采集图像不进行处理
	调试	调试模式可以打开已有的工程图片对工程进行调试相当于仿真
	运行	在成功连接相机的情况下，命令相机运行
	停止	在成功连接相机的情况下，命令相机停止运行
	下载	下载相机配置
	下载	下载作业配置
	Visionserver	图像显示软件
	触发	进行一次通信触发
	显示图像	在成功连接相机的情况下，要求显示相机采集到的图像
	帮助	提供帮助信息

1.4　工业视觉系统应用

工业视觉系统的最初发展约始于 20 世纪 70 年代。在美国最初的工业视觉系统里采用了有 32 K 字节存储器的 DEC LIS‑11 计算机和有 128×128 像素的 CCD 摄像机。早在 1973 年,美国自然科学基金会(National Science Foundation,NFS)制订了"1973—1982 年发展视觉系统和机器人的计划",并在斯坦福大学、普渡大学等大学率先展开研究。在日本,同期也开展了研究,并成功地将计算机视觉系统用于印刷电路板的质量检测。据统计,1982 年,在美国共安装 6 301 套工业视觉系统,在日本则更多。到 1990 年美国安装的工业视觉系统数超过 10 万套,而日本超过了 55.7 万套。据产业研究院发布的《2013—2017 年中国机器视觉产业发展前景与投资预测分析报告》认为,机器视觉发展早期,主要集中在欧洲和日本。随着全球制造中心向中国转移,中国机器视觉市场正在继北美、欧洲和日本之后,成为国际机器视觉厂商的重要目标市场。未来几年我国机器视觉行业市场规模将继续保持稳定增长。

工业视觉系统的飞速发展,很大程度上得益于计算机技术的进步,特别是集成电路技术的发展。如今普通的微型计算机,在计算性能上已胜过 20 世纪 70 年代的小型机,具有 1 024×1 024 分辨能力的 CCD 摄像机和实时图像处理系统早已商品化,用于实时图像处理的专用芯片也有了很大发展,其处理速度超过 10 亿次。图像处理系统体系结构有了很大的进步,不仅有可变流水线的实时处理系统,更有以交换开关为中心和以存储器为中心的实时图像处理系统,各种通用图像处理算法都形成积木化模块,可以选配纳入上述并行图像处理系统中。工业视觉系统的广泛使用,使其成为工业集成制造系统最重要组成部分,这样的系统在美国许多大公司可见,如 AT&T 公司、通用汽车公司、德州仪器公司、3M 公司等。

在国外,机器视觉的应用普及主要体现在半导体及电子行业,其中 40%～50% 都集中在半导体行业,具体如图 1‑13 所示。中国机器视觉应用起源于 20 世纪 80 年代的技术引进,半导体及电子行业是机器视觉应用较早的产业之一,其中大部分集中在如 PCB 印刷电路组装、元器件制造、半导体及集成电路设备等,机器视觉在该工业的应用推广,对提高电子产品质量和生产效率起了举足轻重的作用。除此之外,机器视觉还用于其他各个领域。

目前国内机器视觉大多为国外品牌。国内大多机器视觉公司基本上是靠代理国外各种机器视觉品牌起家,随着机器视觉的不断应用,公司规模慢慢做大,技术上已经逐渐成熟。

对于工业机器人来说,在处理日常较为复杂的工作时,利用视觉系统能起到引导作用。在一般情况下工业机器人所使用的视觉系统可以通过图像捕捉的方式对目标零件进行定位和观察,从而将位置发送给机器人并通过指令使机器人完成相应的动作,进而方便快捷地完成复杂工作。在工业生产中,工业机器人拥有视觉系统之后有多方面的应用,如图 1‑14 所示。

(1) 物体定位。通过视觉系统可以使机器人在工作中迅速找到零件的位置,通过处理器信号引导机器人进行相应作业,迅速完成工作要求。

(2) 检测外观信息。对于工业生产品来说,工业机器人所具有的视觉系统可以通过量化对比对产品的外观、规格进行检测,通过对比发现生产过程中是否存在疏漏和问题,对质

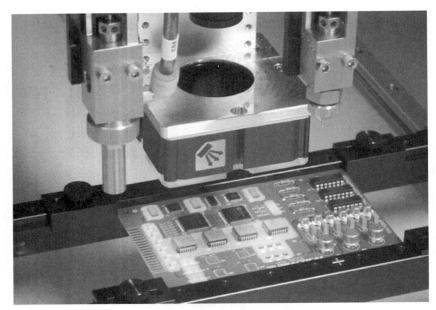

图 1‑13　PCB 电路板视觉检测

量检测提供可靠的数据支持。

（3）识别和操作。机器人视觉系统还能够对视觉图像进行识别和分析，对识别目标的数据进行采集和追溯。多数应用于汽车、食品等领域。

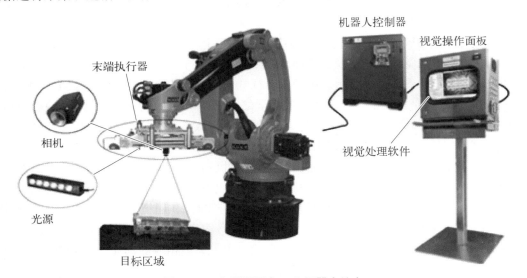

图 1‑14　机器视觉与工业机器人结合

在行业应用方面，主要有制药、包装、电子、汽车制造、半导体、纺织、烟草、交通、物流等行业，用机器视觉技术取代人工，可以提供生产效率和产品质量。例如，在物流行业，可以使用机器视觉技术进行快递的分拣分类，不会出现有些快递公司靠人工进行分拣的情况，可以减少物品的损坏率，提高分拣效率，减少工人的劳动强度。

课后思考

（1）工业视觉系统的构成有哪些？

（2）机器视觉包含哪三个领域？

（3）图像处理的作用是什么？

（4）模式识别的方法有哪些？

（5）举例说明实际工业生产中典型机器视觉系统组成及应用。

（6）工业视觉系统与智能相机系统的联系与区别？

2

工业视觉系统硬件基础

现代工业自动化生产中涉及各种各样的检验、生产监视和零件识别。应用工业视觉，可进行如零件批量加工的尺寸检查、电子装配线的元件定位、IC 上字符识别等。通常这种高强度重复性和智能性的工作是由肉眼来完成的，但在某些特殊情况，如对形状匹配、颜色辨识、微小尺寸精确快速测量等，依靠肉眼根本无法连续稳定地进行，其他物理量传感器也难以胜任。这时人们开始考虑用相机抓拍图像后送入计算机或专用的图像处理模块进行处理，根据像素分布和亮度、颜色等信息来进行尺寸、形状、颜色等判别。简言之利用工业视觉系统代替人工进行目标识别、判断与测量。

2.1　工业视觉系统概述

一个典型的工业视觉系统包括光源、镜头、相机、图像处理单元（或图像采集卡）、图像处理软件、监视器、通信/输入输出单元，如图 2-1 所示。

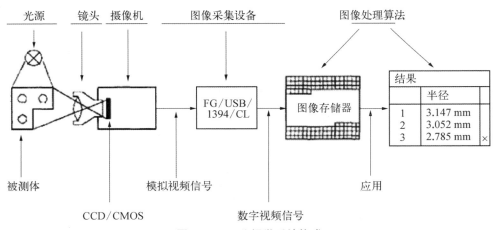

图 2-1　工业视觉系统构成

视觉系统的输出并非图像视频信号，而是经过运算处理之后的检测结果，通常视觉检测就是用机器代替肉眼来做测量和判断。首先采用 CCD 照相机将被摄取目标转换成图像信号,传送给专用的图像处理系统,根据像素分布和亮度、颜色等信息,转变成数字化信号。图像系统对这些信号进行各种运算来抽取目标的特征,如面积、长度、数量、位置等。最后根据预设的容许度和其他条件输出结果,如尺寸、角度、偏移量、个数、合格/不合格、有/无等。上位机实时获取检测结果后,指挥运动系统或 I/O 系统执行相应的控制动作。

2.1.1 工业视觉系统的特点

一套高品质的机器视觉检测系统,必须具备以下几个条件。

1) 高品质的成像系统

成像系统称为视觉检测设备的"眼睛",因此"眼睛"识别能力的好坏是评价成像系统的最关键指标。通常,成像系统的评价指标主要体现在 3 个方面:

(1) 能否发现存在的缺陷。基于图像方法进行的检测,所能够依据的最原始也是唯一的资料即是所采集的图像上的颜色(或者亮度)变化,除此之外,没有其他资料可供参考。所以,一个高品质的成像系统首先应该是一个能充分表现被检测物表面颜色变化的成像系统。因此除了选择具有高清晰度的相机与镜头之外,用以营造成像环境的光照设计也显得非常重要,有时候甚至会出现为特殊缺陷专门设计的光照系统。我们经常所说的 100% 质量检测系统,实际上指的是在能够充分表现各种缺陷的图像中的 100% 全检。

(2) 能够发现的缺陷的最小尺寸。数字图像的最小计量单位是像素(pixel),它本身并不代表被摄物实际的尺寸大小。被摄物实际尺寸大小与像素之间的关联是通过叫作分辨力的物理量来完成的。分辨力指的是每单位像素代表的实际物体尺寸。分辨力数值越小,图像的精细程度就越高,检测系统能够发现的缺陷尺寸就越小,检测精度就越高。

(3) 能否足够快地摄取图像。如同人眼看运动物体一样,当物体运动得足够快时,人眼就不再能清晰地观察物体的全部。机器视觉检测系统的"眼睛"——摄像机也有一个拍摄速度上限,即相机主频。当被摄物的运行速度超出了摄像机的主频上限时,摄像机就不能获得清晰、完整的图像,检测就不能正常地继续下去。摄像机主频越高,采集速度也就越快,检测才能保持高效进行。因此,是否采用了足够高主频的摄像机也是评价一个成像系统是否高品质的关键因素。

2) 成熟的图像处理与分析算法

图像处理与分析算法在整个检测系统中相当于人工检测时人脑的判断思维,由于机器视觉是一个实践性很强的学科,评价一个算法的好坏更多的是依赖实际应用的验证而非考察算法中是否采用了比较先进或高深复杂的理论。因此能够充分模拟人脑判断过程与方法并且稳定、高效的图像处理与分析算法才是我们需要的,也就是所谓的成熟的处理与分析算法。因此,在设计处理算法时,需要充分分析人的判断过程,并将其转换成计算机的语言。

3) 可操作性好

可操作性好主要是要求检测设备的应用操作要具备简洁、方便并易于理解的特点。比如系统有友好的人机交互界面、良好的导向性操作设计等。

4) 稳定的其他配套设施

其他配套设施指的是除了检测系统以外的设施,如传输控制平台、缺陷处理装置(剔除、报警、标记等)。对配套设施的要求是必须运行稳定、信号响应及时、迅速。

2.1.2 工业视觉系统的优点

工业视觉系统有如下优点。

（1）精确性。由于人眼有物理条件的限制，在精确性上机器有明显的优点。即使人眼依靠放大镜或显微镜来检测产品，机器仍然会更加精确，因为它的精度能够达到千分之一英寸[①]。

（2）重复性。机器可以以相同的方法一次一次地完成检测工作并获得相同的结果，而人眼即使产品是完全相同的，每次检测产品时都会有细微的不同。

（3）速度。机器能够更快地检测产品。特别是当检测高速运动的物体时，比如说生产线上的产品，机器也能够快速地检测，从而提高了生产效率。

（4）成本。由于机器操作比人快，一台自动检测机器能够承担好几个人的任务。而且机器不需要停顿、不会生病、能够连续工作，所以能够极大地提高生产效率，从而降低成本。

（5）客观性。人眼检测还有一个致命的缺陷，就是由情绪带来的主观性，检测结果会随工人心情的好坏发生变化，而机器则不会。

2.1.3 机器视觉系统的应用领域

在生产线上，人来做此类测量和判断会因疲劳、个人之间的差异产生误差和错误，但是机器却会不知疲倦地、稳定地进行下去。一般来说，机器视觉系统包括了光源系统、镜头、摄像系统和图像处理系统。对于每一个应用，我们都需要考虑系统的运行速度和图像的处理速度，使用彩色还是黑白摄像机，检测目标的尺寸还是检测目标有无缺陷，视场需要多大，分辨率需要多高，对比度需要多大等。从功能上来看，典型的机器视觉系统可以分为图像采集部分、图像处理部分和运动控制部分。

机器视觉的应用可分为检测和机器人视觉两个方面。

（1）检测。可分为高精度定量检测（如显微照片的细胞分类、机械零部件的尺寸和位置测量）和不用量器的定性或半定量检测（如产品的外观检查、装配线上的零部件识别定位、缺陷性检测和装配完全性检测）。

（2）机器人视觉。用于指引机器人在大范围内的操作和行动，如从料斗送出的杂乱工件堆中拣取工件并按一定的方位放在传输带或其他设备上（即料斗拣取问题）。至于小范围内的操作和行动，还需要借助于触觉传感技术。

此外还有自动光学检查、人脸识别、无人驾驶汽车、产品质量等级分类、印刷品质量自动化检测、文字识别、纹理识别及追踪定位等。

1）基于机器视觉的仪表板总成智能集成测试系统

EQ140-Ⅱ汽车仪表板总成是中国某汽车公司生产的仪表产品，仪表板上安装有速度里程表、水温表、汽油表、电流表、信号报警灯等，其生产批量大，出厂前需要进行一次质量终检。检测项目包括检测速度表等5个仪表指针的指示误差；检测24个信号报警灯和若干照明灯是否损坏或漏装。一般采用人工目测方法检查，误差大，可靠性差，不能满足自动化生产的需要。基于机器视觉的智能集成测试系统（见图2-2）改变了这种现状，实现了对仪表板总成智能化、全自动、高精度、快速质量检测，克服了人工检测所造成的各种误差，大大提

---

① 英寸（in）：为非法定计量单位。1英寸＝2.54厘米。

高了检测效率。整个系统分为 4 个部分：为仪表板提供模拟信号源的集成化多路标准信号源、具有图像信息反馈定位的双坐标 CNC 系统、摄像机图像获取系统和主从机平行处理系统。

图 2 - 2　基于机器视觉的仪表板总成测试系统

2）金属板表面自动探伤系统

在对表面质量要求很高的特殊大型金属板进行检测时，原始的检测方法是利用人工目视或用百分表加探针的检测方法，这种方法不仅易受主观因素的影响，而且可能会划伤检测表面。金属板表面自动探伤系统利用机器视觉技术对金属表面缺陷进行自动检查，在生产过程中高速、准确地进行检测，同时由于采用非接触式测量，避免了产生新划伤的可能。其工作原理图如图 2 - 3 所示，在此系统中，采用激光器作为光源，通过针孔滤波器滤除激光束周围的杂散光，扩束镜和准直镜使激光束变为平行光并以 45°的入射角均匀照明被检查的金属板表面。金属板放在检验台上，检验台可在 X、Y、Z 3 个方向上移动，摄像机采用 TCD142D 型 2048 线阵 CCD，镜头采用普通照相机镜头。CCD 接口电路采用单片机系统。主机 PC 机主要完成图像预处理及缺陷的分类或划痕的深度运算等，并可将检测到的缺陷或划痕图像在显示器上显示。CCD 接口电路和 PC 机之间通过 RS - 232 口进行双向通信，结合异步 A/D 转换方式，构成人机交互式的数据采集与处理。该系统主要利用线阵 CCD 的自扫描特性与被检查钢板 X 方向的移动相结合，取得金属板表面的三维图像信息。

3）汽车车身检测系统

英国 ROVER 汽车公司 800 系列汽车车身轮廓尺寸精度的 100% 在线检测，是机器视觉系统用于工业检测中的一个较为典型的例子。该系统由 62 个测量单元组成，每个测量单元包括一台激光器和一个 CCD 摄像机，用以检测车身外壳上 288 个测量点。测量单元的校准将会影响检测精度，因而受到特别重视。汽车车身置于测量框架下，通过软件校准车身的精确位置。

图 2-3　金属表面视觉检测系统

每个激光器/摄像机单元均在离线状态下经过校准。同时还有一个在离线状态下用三坐标测量机校准过的校准装置,可对摄像头进行在线校准。

检测系统以每 40 秒检测一个车身的速度,检测三种类型的车身。系统将检测结果从 CAD 模型中提取出来的合格尺寸相比较,测量精度为 ±0.1 mm。ROVER 的质量检测人员用该系统来判别关键部分尺寸的一致性,如车身整体外形、门、玻璃窗口等。实践证明,该系统是成功的,并将用于 ROVER 公司其他系列汽车的车身检测。

4)纸币印刷质量检测系统

该系统利用图像处理技术,通过对纸币生产流水线上的纸币 20 多项特征(号码、盲文、颜色、图案等)进行比较分析,检测纸币的质量,替代传统的人眼辨别方法。

5)智能交通管理系统

通过在交通要道放置摄像头,当有违章车辆(如闯红灯)时,摄像头将车辆的牌照拍摄下来,传输给中央管理系统,系统利用图像处理技术,对拍摄的图片进行分析,提取出车牌号,存储在数据库中,可以供管理人员进行检索。

6)大型工件平行度、垂直度测量仪

采用激光扫描与 CCD 探测系统的大型工件平行度、垂直度测量仪,以稳定的准直激光束为测量基线,配以回转轴系,旋转五角标准棱镜扫出互相平行或垂直的基准平面,将其与被测大型工件的各面进行比较。在加工或安装大型工件时,可用该方法测量面间的平行度及垂直度。

7)螺纹钢外形轮廓尺寸的探测器件

以频闪光作为照明光源,利用面阵和线阵 CCD 作为螺纹钢外形轮廓尺寸的探测器件,实现了热轧螺纹钢几何参数在线测量的动态检测系统。

8）金属表面的裂纹测量

用微波作为信号源，根据微波发生器发出不同频率的方波来测量金属表面的裂纹，微波的频率越高，可测的裂纹越细小。

9）基于机器视觉的 FPC 嵌入式检测系统

以 DSP(BlackFin533)为处理器核心，ARM(2440)为上位机控制器的嵌入式架构，主要由视觉系统、图像采集系统、上机控制系统、缺陷报警和图像处理单元组成。检测系统的工作过程为：上位机通过人机交互，设置 D/A 调整光源，照亮生产线上运动的待检测产品；高速线阵 CCD 扫描检测产品生成的模拟图像信号，经视频 A/D 芯片数字化后，由 CPLD 进行解码；DSP 采用独立运行的捕获线程采集该图像信号，生成 8 bit 的灰度图像，进行图像缓存，然后进行视觉检测；对于采集的 FPC 图像，通过局部的自动阈值完成图像分割，采用多角度形态学进行图像处理，然后采用图像匹配进行缺陷检测和识别。若发现缺陷，则处理器通过报警单元进行报警和缺陷处理，并将缺陷图像输出到显示器。

10）基于机器视觉的柔性制造在线零件识别系统

研究根据机械零件图像识别原理及柔性制造的要求，设计了基于机器视觉在线零件识别系统，其由工控机、高分辨率的面阵黑白工业相机、图像采集卡、光源、光学镜头、光源、I/O 卡等组成，它用于对柔性制造岛在线零件进行识别。系统的工作过程为：在自动识别零件前，摄取各种零件的图像生成图像库。在每个工作计划执行前，根据 MIS 系统下发的计划文件(excel 表格格式)，更新当前工作计划临时零件库；识别系统工作时，当载有零件的自动牵引小车将托板送到上料工位，工人装夹工件，启动光源系统为系统提供均匀的光线，然后按下摄像启动按钮，由工业 CCD 相机开始摄像，工控机内的图像采集卡对工业 CCD 相机传送来的图像信号进行放大、滤波、采样等处理，并将图像信号写入工控机的内存中，然后由图像识别软件对采集到的零件图像进行图像处理和识别；最后在显示器上显示识别结果，同时通过加卡，把识别出来的零件信息传送给托板库控制系统和 MIS 系统，MIS 系统再根据识别结果安排加工中心，并调用相应的数控加工程序传给相应的加工中心，完成相应零件的加工。

除此之外，印刷检测设备还必须有一套稳定的机械传输控制平台，对于安装在印刷机上的在线检测系统而言，传输平台就是印刷机，而对于离线检测系统，则需要单独配置传输平台，如复卷机、单张传输平台等。

2.1.4 常见视觉系统模型

在布匹的生产过程中，像布匹质量检测这种具有高度重复性和智能性的工作只能靠人工检测来完成，在现代化流水线后面常常可看到很多的检测工人在执行这道工序，在给企业增加巨大的人工成本和管理成本的同时，却仍然不能保证 100% 的检验合格率（即"零缺陷"），容易出错且效率低。

进行自动化的改造后，使布匹生产流水线变成快速、实时、准确、高效的流水线。在流水线上，所有布匹的颜色及数量都要进行自动确认（简称"布匹检测"）。用机器视觉检测则可以大大提高生产效率和生产的自动化程度。

（1）特征提取辨识。一般检测（自动识别）先利用高清晰度、高速摄像镜头拍摄标准图像，在此基础上设定一定标准；然后拍摄被检测的图像，再将两者进行对比。但是在质量检测工程中要复杂一些。图像的内容不是单一的图像,每块被测区域存在的杂质的数量、大小、颜色、位置不一定一致;物体的形状难以事先确定;由于物体快速运动对光线产生反射,图像中可能会存在大量的噪声;在流水线上对物体进行检测时,有实时性的要求。由于上述原因,图像识别处理时应采取相应的算法,提取杂质的特征,进行模式识别,并实现智能分析。

(2)颜色检测。一般而言,从彩色CCD相机中获取的图像都是RGB图像。也就是说每一个像素都由红(R)绿(G)蓝(B)三个成分组成,来表示RGB色彩空间中的一个点。问题在于这些色差不同于人眼的感觉。即使很小的噪声也会改变颜色空间中的位置。所以无论人眼感觉有多么的近似,在颜色空间中也不尽相同。基于上述原因,需要将RGB像素转换成为另一种颜色空间CIELAB。目的就是使人眼的感觉尽可能地与颜色空间中的色差相近。

(3)Blob检测。根据上面得到的处理图像,根据需求,在纯色背景下检测杂质色斑,并且要计算出色斑的面积,以确定是否在检测范围之内。因此图像处理软件要具有分离目标、检测目标,并且计算出其面积的功能。

(4)Blob分析(Blob analysis),是对图像中相同像素的连通域进行分析,该连通域称为Blob。经二值化(binary thresholding)处理后的图像中色斑可认为是Blob。Blob分析工具可以从背景中分离出目标,并可计算出目标的数量、位置、形状、方向和大小,还可以提供相关斑点间的拓扑结构。在处理过程中不是采用单个的像素逐一分析,而是对图形的行进行操作。图像的每一行都用游程长度编码(run length encoding,RLE)来表示相邻的目标范围。这种算法与基于像素的算法相比,大大提高处理速度。

(5)结果处理和控制。应用程序把返回的结果存入数据库或用户指定的位置,并根据结果控制机械部分做相应的运动。

(6)根据识别的结果,存入数据库进行信息管理。以后可以随时对信息进行检索查询,管理者可以获知某段时间内流水线的忙闲,为下一步的工作做出安排;还可以获知布匹的质量情况等。

2.2 相机

相机是一种利用光学成像原理形成影像并使用底片记录影像的设备,是用于摄影的光学器械,如图2-4所示。最早的相机结构十分简单,仅包括暗箱、镜头和感光材料。现代相机比较复杂,具有镜头、光圈、快门、测距、取景、测光、输片、计数、自拍、对焦、变焦等系统,现代相机是一种结合光学、精密机械、电子计数和化学等的复杂产品。按照不同标准可分为标准分辨率数字相机和模拟相机等。要根据不同的实际应用场合选择不同的相机和高分辨率相机:线扫描CCD和面阵CCD;黑白相机和彩色相机。

2.2.1 真彩色相机和伪彩色相机

描述一幅图像需要使用图像的属性。图像的属性包含分辨率、像素深度、真/伪彩色、图像的表示法和种类

图2-4 相机

等。区分真彩色、伪彩色与直接色的含义,对于编写图像显示程序、理解图像文件的存储格式有直接的指导意义,也不会对出现诸如这样的现象感到困惑:本来是用真彩色表示的图像,但在 VGA 显示器上显示的图像颜色却不是原来图像的颜色。

1) 真彩色(true color)

真彩色是指在组成一幅彩色图像的每个像素值中,有 R、G、B3 个基色分量,每个基色分量直接决定显示设备的基色强度,这样产生的彩色称为真彩色。例如用 RGB 5:5:5 表示的彩色图像,R、G、B 各用 5 位,用 R、G、B 分量大小的值直接确定三个基色的强度,这样得到的彩色是真实的原图彩色。

如果用 RGB 8:8:8 方式表示一幅彩色图像,就是 R、G、B 都用 8 位来表示,每个基色分量占一个字节,共 3 个字节,每个像素的颜色就由这 3 个字节中的数值直接决定,如图 2-5 RGB 对照表所示,可生成的颜色数就是 $2^{24}=16\,777\,216$ 种。用 3 个字节表示的真彩色图像所需要的存储空间很大,而人的眼睛是很难分辨出这么多种颜色的,因此在许多场合往往用 RGB 5:5:5 来表示,每个彩色分量占 5 位,再加 1 位显示属性,控制位共 2 个字节,生成的真颜色数目为 $2^{15}=32\,768=32$ K。

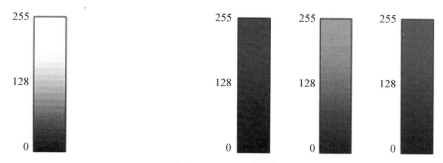

图 2-5　RGB 对照表

在许多场合,真彩色图通常是指 RGB 8:8:8,即图像的颜色数等于 2^{24},也常称为全彩色(full color)图像。但在显示器上显示的颜色就不一定是真彩色,要得到真彩色图像需要有真彩色显示适配器,现在在 PC 上用的 VGA 适配器是很难得到真彩色图像的。

2) 伪彩色(pseudo color)

伪彩色图像的含义是,每个像素的颜色不是由每个基色分量的数值直接决定,而是把像素值当作彩色查找表(color look-up table,CLUT)的表项入口地址,去查找一个显示图像时使用的 R、G、B 强度值,用查找出的 R、G、B 强度值产生的彩色称为伪彩色。

彩色查找表 CLUT 是一个事先做好的表,表项入口地址称为索引号。例如,16 种颜色的查找表,0 号索引对应黑色,15 号索引对应白色。彩色图像本身的像素数值和彩色查找表的索引号有一个变换关系,这个关系可以使用 Windows 95/98 定义的变换关系,也可以使用你自己定义的变换关系。使用查找得到的数值显示的彩色是真的,但不是图像本身真正的颜色,它没有完全反映原图的彩色。伪彩色图像的每个像素值实际上是一个索引值或代码,该代码值作为色彩查找表 CLUT 中某一项的入口地址,根据该地址可查找出包含实际 R、G、B 的强度值。这种用查找映射的方法产生的色彩称为伪彩色。

3）直接色（direct color）

每个像素值分成 R、G、B 分量，每个分量作为单独的索引值与它做变换，即通过相应的彩色变换表找出基色强度，用变换后得到的 R、G、B 强度值产生的彩色称为直接色。它的特点是对每个基色进行变换。

用这种系统产生颜色与真彩色系统相比，相同之处是都采用 R、G、B 分量决定基色强度，不同之处是后者的基色强度直接用 R、G、B 决定，而前者的基色强度由 R、G、B 经变换后决定。因而这两种系统产生的颜色就有差别。试验结果表明，使用直接色在显示器上显示的彩色图像看起来真实、自然。

这种系统与伪彩色系统相比，相同之处是都采用查找表，不同之处是前者对 R、G、B 分量分别进行变换，后者是把整个像素当作查找表的索引值进行彩色变换。

2.2.2　彩色相机和黑白相机的区别

黑白照片只有黑色和白色，而彩色照片是能清楚地反映显影前的人或物的明确色彩。

对于工业相机来说，如果要处理的是与图像颜色有关，那当然是采用彩色相机，否则建议使用黑白相机，因为同样分辨率的黑白相机，精度比彩色高，尤其是看图像边缘的时候，黑白的效果更好。做图像处理时，黑白工业相机得到的是灰度信息，可以直接处理。黑白不仅对于好作品而言可以凸显光影、明暗变化关系，强化对比度；对于不太好的作品还可以抹除一切色彩上的不协调。也就是说，假设摄影师的技术一般或者片子一般，那么黑白则可以掩盖人物对象本身的缺陷以及背景环境的不协调。

国外盛行彩照大概是在 20 世纪 60 年代。彩照是在 1839 年由美国摄影大师莱维·希尔发明的，从此以后缤纷多姿的天然色彩一直是摄影师们热烈追求的目标。当然在这以前，一些顾客往往要求摄影师们为他们在照片上进行手工着色，但这些人工上色与真实的色彩实在是相去甚远。中国国内彩色照片是在 20 世纪 70 年代末、80 年代初开始盛行，并在国内一线城市流行。起初先用的是非数码相机，后用的是数码相机。它的推广不光是由胶片价格决定的，因为彩色冲洗不是自己能进行的，还要看配套设施的发展，所以真正在国内普遍应用是在 90 年代，那时冲印设备开始普遍应用。

2.2.3　CCD 和 CMOS 的区别

CCD 与 CMOS 比较主要区别在于 CCD 是集成在半导体单晶材料上，而 CMOS 是集成在被称作金属氧化物的半导体材料上，工作原理没有本质的区别。

CCD 电荷耦合器件如图 2-6 所示。一种用电荷量表示信号大小，用耦合方式传输信号的探测元件，具有自扫描、感受波谱范围宽、畸变小、体积小、重量轻、系统噪声低、功耗小、寿命长、可靠性高等一系列优点，并可做成集成度非常高的组合件。

CCD 图像传感器可直接将光学信号转换为模拟电流信号，电流信号经过放大和模数转换，实现图像的获取、存储、传输、处理和复现。其显著

图 2-6　CCD 相机图

特点如下：体积小,重量轻;功耗小,工作电压低,抗冲击与震动,性能稳定,寿命长;灵敏度高,噪声低,动态范围大;响应速度快,有自扫描功能,图像畸变小,无残像;应用于超大规模集成电路工艺技术生产,像素集成度高,尺寸精确,商品化生产成本低。因此,许多采用光学方法测量外径的仪器,把 CCD 器件作为光电接收器。CCD 从功能上可分为线阵 CCD 和面阵 CCD 两大类。① 线阵 CCD 通常将 CCD 内部电极分成数组,每组称为一相,并施加同样的时钟脉冲。所需相数由 CCD 芯片内部结构决定,结构相异的 CCD 可满足不同场合的使用要求。线阵 CCD 有单沟道和双沟道之分,其光敏区是 MOS 电容或光敏二极管结构,生产工艺相对较简单。它由光敏区阵列与移位寄存器扫描电路组成,特点是处理信息速度快,外围电路简单,易实现实时控制,但获取信息量小,不能处理复杂的图像。② 面阵 CCD 的结构要复杂得多,它由很多光敏区排列成一个方阵,并以一定的形式连接成一个器件,获取信息量大,能处理复杂的图像。

　　CMOS 互补金属氧化物半导体和电压控制的一种放大器件,是组成 CMOS 数字集成电路的基本单元,如图 2-7 所示。CMOS 是 complementary metal oxide semiconductor(互补金属氧化物半导体)的缩写。它是指制造大规模集成电路芯片用的一种技术或用这种技术制造出来的芯片,是电脑主板上的一块可读写的 RAM 芯片。因为可读写的特性,所以在电脑主板上用来保存 BIOS 设置完电脑硬件参数后的数据,这个芯片仅仅是用来存放数据的。

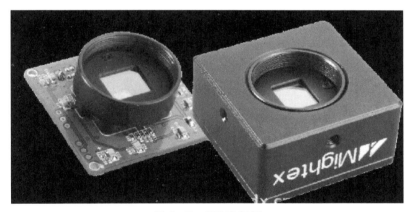

图 2-7　COMS 相机

　　而对 BIOS 中各项参数的设定要通过专门的程序。BIOS 设置程序一般都被厂商整合在芯片中,在开机时通过特定的按键就可进入 BIOS 设置程序,方便对系统进行设置。因此BIOS 设置有时也称为 CMOS 设置。

　　CCD 只有少数几个厂商如索尼、松下等掌握这种技术。而且 CCD 制造工艺较复杂,采用 CCD 的摄像头价格都会相对较贵。事实上经过技术改造,目前 CCD 和 CMOS 的实际效果的差距已经缩小了不少。而且 CMOS 的制造成本和功耗都要低于 CCD 不少,所以很多摄像头生产厂商采用 CMOS 感光元件。成像方面,在相同像素下 CCD 的成像通透性、明锐度都很好,色彩还原、曝光可以保证基本准确。而 CMOS 的产品往往通透性一般,对实物的色彩还原能力偏弱,曝光也都不太好,由于自身物理特性的原因,CMOS 的成像质量和 CCD还是有一定距离的。但由于其低廉的价格以及高度的整合性,因此在摄像头领域还是得到了广泛的应用。

目前,市场销售的数码摄像头中以 CMOS 感光器件为主。在采用 CMOS 为感光元器件的产品中,通过采用影像光源自动增益补强技术,自动亮度、白平衡控制技术,色饱和度、对比度、边缘增强以及伽马矫正等先进的影像控制技术,完全可以达到与 CCD 摄像头相媲美的效果。受市场及市场发展等情况的限制,摄像头采用 CCD 图像传感器的厂商为数不多,主要原因是受 CCD 图像传感器成本高的影响。

2.2.4 相机选用

工业相机是机器视觉系统中一个关键组件,其最本质的功能就是将光信号转变成有序的电信号。选择合适的相机是机器视觉系统设计中重要环节,相机不仅是直接决定所采集的图像分辨率、图像质量等,同时也与整个系统运行模式直接相关。

1)选择工业相机的信号类型

工业相机从大的方面来分有模拟信号和数字信号两种类型。模拟相机必须有图像采集卡,标准的模拟相机分辨率很低,一般为 768×576,帧率也是固定的,25 帧/秒。另外还有一些非标准的信号,多为进口产品,所以这个要根据实际需求来选择。模拟相机采集到的是模拟信号,经数字采集卡转换为数字信号进行传输存储。模拟信号可能会由于工厂内其他设备(比如电动机或高压电缆)的电磁干扰而造成失真。随着噪声水平的提高,模拟相机的动态范围(原始信号与噪声之比)会降低。动态范围决定了有多少信息能够从相机传输给计算机。工业数字相机采集到的是数字信号,数字信号不受电噪声影响,因此,数字相机的动态范围更高,能够向计算机传输更精确的信号。

2)工业相机的分辨率

总像素数是指 CCD 含有的总像素数。不过,由于 CCD 边缘照不到光线,因此有一部分拍摄时是用不上的。从总像素数中减去这部分像素就是有效像素数。因此阅读产品说明书时,切记要注意可用于实际拍摄的有效像素数,而不是总像素数。

根据系统的需求来选择相机分辨率的大小,以一个应用案例来分析。

应用案例:假设检测一个物体的表面划痕,要求拍摄的物体大小为 10 mm×8 mm,要求的检测精度是 0.01 mm。首先假设要拍摄的视野范围在 12 mm×10 mm,那么相机的最低分辨率应该选择在:(12/0.01)×(10/0.01)=1 200×1 000,约为 120 万像素的相机,也就是说一个像素对应一个检测的缺陷的话,那么最低分辨率必须不少于 120 万像素,但市面上常见的是 130 万像素的相机,因此一般是选用 130 万像素的相机。但实际问题是,如果一个像素对应一个缺陷的话,这样的系统一定会极不稳定,因为随便的一个干扰像素点都可能被误认为缺陷,所以为了提高系统的精准度和稳定性,最好取缺陷的面积在 3~4 个像素以上,选择的相机也就在 130 万乘 3 以上,即最低不能少于 300 万像素,通常采用 300 万像素的相机为最佳。换言之,如果是用来做测量用,那么采用亚像素算法,130 万像素的相机也能基本满足需求,但有时受边缘清晰度的影响,在提取边缘的时候,随便偏移一个像素,那么精度就受到了极大的影响。故选择 300 万的相机的话,还可以允许提取的边缘偏离 3 个像素左右,这样就可以很好地保证测量的精度。

3)选择工业相机的芯片

工业相机从芯片上分,有 CCD 和 CMOS 两种。

如果要求拍摄的物体是运动的,要处理的对象也是实时运动的物体,那么选择 CCD 芯片的相机最为适宜。有的厂商生产的 CMOS 相机如果采用帧曝光(全局曝光)的方式也可以,虽然是采用 CMOS 芯片,但在拍摄运动物体时绝不比 CCD 的差;又假如物体运动的速度很慢,在设定的相机曝光时间范围内,物体运动的距离很小,换算成像素大小也就在一两个像素内,那么选择普通滚动曝光的 CMOS 相机也是合适的。因为在曝光时间内,一两个像素的偏差人眼根本看不出来,但超过 2 个像素的偏差,物体拍出来的图像就有拖影,这样就不能选择普通滚动曝光的 CMOS 相机了。目前很多高品质的 CMOS 相机完全可以替代 CCD 用在高精度、高速的情况下,SONY 甚至已经停产 CCD 了,CMOS 将是主流选择。

4)工业相机选择彩色还是黑白

如果要处理的是与图像颜色有关,那当然是采用彩色相机,否则建议选用黑白的,因为同样分辨率的黑白相机,精度比彩色高,尤其是在看图像边缘的时候,黑白的效果更好。尤其做图像处理,黑白工业相机得到的是灰度信息,可直接处理。

5)工业相机的帧率

根据要检测的速度,选择相机的帧率一定要大于或等于检测速度,等于处理图像的速度一定要快,一定要在相机的曝光和传输的时间内完成。

6)选择线阵还是面阵的工业相机

对于检测精度要求很高,运动速度很快,面阵相机的分辨率和帧率达不到要求的情况下,当然线阵工业相机是必然的一个选择。

7)选择工业相机的传输接口

根据传输的距离、传输的数据大小(带宽)选择 USB2.0/3.0、1394、Cameralink、GIGE 千兆网接口等相机。

8)工业相机的 CCD/CMOS 靶面

靶面尺寸的大小会影响镜头焦距的长短,在相同视角下,靶面尺寸越大,焦距越长。在选择相机时,特别是对拍摄角度有比较严格要求的时候,CCD/CMOS 靶面的大小,CCD/CMOS 与镜头的配合情况将直接影响视场角的大小和图像的清晰度。因此在选择 CCD/CMOS 尺寸时,要结合镜头的焦距、视场角一起选择,一般而言,选择 CCD/CMOS 靶面要结合物理安装的空间来决定镜头的工作距离是否在安装空间范围内,要求镜头的尺寸一定要大于或等于相机的靶面尺寸。

工业相机,主要的部件就是在图像传感器上。而对于机器视觉来讲,通常会有传感器的靶面尺寸、像素及分辨率等几个概念,它们之间是什么关系呢。其实它们之间的关系很简单,就是一个乘法关系。传感器的靶面尺寸(长或宽方向)=像素尺寸(长或宽方向)×分辨率(即像素数量,在长或宽方向)。图像传感器的尺寸是影响成像表现力的硬指标之一,但许多人对图像传感器(CCD/CMOS)尺寸的表示方法大感不解,因为像 1/1.8 英寸、2/3 英寸之类的尺寸,既不是任何一条边的尺寸,也不是其对角线尺寸,这样的尺寸,往往难以形成具体尺寸大小的概念。那么,这个尺寸到底是怎么来的呢,事实上,这种表示方法来源于早期的摄像机成像器件——光导摄像管。

在 CCD 出现之前,摄像机是利用一种叫作"光导摄像管"的成像器件感光成像的,这是一种特殊设计的电子管,其直径的大小,决定了其成像面积的大小,因此,人们就用光导摄像管的直径尺寸来表示不用感光面积的产品型号。在 CCD 出现之后,其大量应用在摄像机上,也就自然而然地沿用了光导摄像管的尺寸表示方法,进而扩展到所有类型的图像传感器的尺寸表示方法上,如图 2-8 所示。例如,型号为"1/1.8"的 CCD 或 CMOS,表示其成像面积与一根直径为 1/1.8 英寸的光导摄像管的成像靶面面积近似,光导摄像管的直径与 CCD/CMOS 成像靶面面积之间没有固定换算公式,从实际情况来说,CCD/CMOS 成像靶面的对角线长度大约相当于光导摄像管直径长度的 2/3。如图 2-9 所示,白色表示光导摄像管成像区域,灰色部分表示 CCD/CMOS 靶面区域。

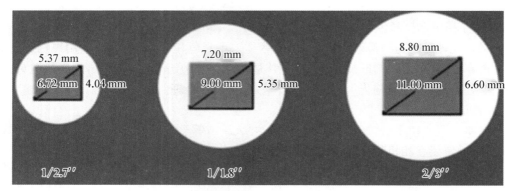

图 2-8　摄像管与 CCD/CMOS 成像区域对比

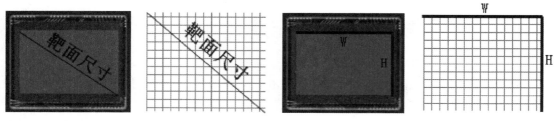

图 2-9　CCD/CMOS 典型靶面尺寸类型

W 代表宽度;H 代表长度

举例来说,以 AVT Guppy Pro F-503B 为例,其拥有一块 1/2.5′的 500 万像素的 CMOS 传感器。这块传感器的长度约为 5.7 mm,宽度约为 4.3 mm。这个 1/2.5′或 5.7 mm×4.3 mm 就是传感器的靶面尺寸,1/2.5′是指对角线的英寸长度,5.7 mm×4.3 mm 是指矩形的长、宽毫米尺寸。这块 500 万像素的传感器,其分辨率为 2 592×1 944 Pixel,即长方向有 2 592 个有效像素,宽方向有 1 944 个有效像素。则总像素和为 5 038 848 像素,即通常所说的 500 万像素。这个传感器的像素尺寸(像元大小)为 2.2 μm×2.2 μm,表示该传感器上的每个像素单元的尺寸。这里关系就有,传感器的长=像素尺寸的长×长方向像素数量=2.2 μm×2 592=5 702.4 μm。通常来讲,像素都是正方形的,因此计算一个方向基本上就可以了。

同样大小的传感器靶面,像素越多,则像素尺寸越小;反之,像素越少,则像素尺寸越大。一般来讲,相同的工艺下,像素尺寸越大,对光越灵敏,成像质量越高。目前手机上的摄像头的像素尺寸已经可以做到 1.2 μm 级别了。但是再往小做的话,成像质量则急剧下降,噪点提升过快。因此目前的像素尺寸还没有比 1.2 μm 更小的。当然在工业相机上,目前的工艺水平,还没有使用到 1.2 μm 级别的传感器,主要是成像质量太差。

9)接口匹配

PCI - E 插槽从外形上分为两种,一种是 PCI - E 16X;一种是 PCI - E 1X。PCI - E 1X,是用来扩展声卡、网卡以及转接卡。PCI - E 16X 显卡插口、PCI 插槽是用来扩展声卡、网卡和转接卡,以及用来连接 IDE 硬盘以及光驱,老式的硬盘光驱采用这种接口。

10)选择有实力的工业相机厂家

同样参数的相机,不同的厂家价格各不相同,这就靠大家与厂家沟通和协商了。一般说来,如果有量的话,整体价格跟单买一个的价格差别很大。工业相机最主要是看采集图像的效果,好的效果即使一个完全不懂的人也能分辨好坏。有条件的客户可以实际考察一下,这样对产品了解得更透彻一些,也可看到这个公司的真正产品质量和实力。

在数码相机领域中,绝对是日系厂商的天下,一线品牌中除了美国的柯达还在苦苦支撑以外,其余全是日货,至于韩国的三星以及中国台湾的明基,中国大陆的爱国者、联想等品牌其产品品质与一线品牌相比还有较大差距。由于数码相机结合了光学技术和电子技术,因此,数码相机厂商也相应地分为两大派别,一派是传统光学派,以尼康、富士、奥林巴斯、宾得、理光等为主要代表,它们都是传统影像器材厂商,光学技术实力雄厚,都有自己的镜头,但电子技术实力稍逊,绝大多数不能自己生产 CCD 传感器;另一派是新兴电子派,以索尼、松下、卡西欧、三星等为主要代表,它们都是传统电子产品厂商,后进入数码影像领域,具有较强的电子技术实力,有些能自己生产传感器,但光学基础普遍薄弱。数码相机常见品牌分为三个等级,即一线品牌、二线品牌和三线品牌。一线品牌包括佳能、尼康、索尼、柯达、富士、松下 6 个品牌,它们拥有雄厚的技术开发能力,成像质量较好,有较全的产品线,有较高的知名度和市场占有率,其中某些品牌在数码单反相机方面亦有很强实力。目前佳能是数码相机行业公认的老大,其成像特点是色彩还原真实,噪点少,但风格偏软。

在工业机器视觉检测中,经常会有项目需要抓拍高速运动物体,而普通工业相机拍摄的图像会出现拉毛、模糊、变形等影响图像质量的问题,这就需要高性能的工业相机来解决类似问题。但需注意,在拍摄图像时,图像模糊现象的出现取决于曝光时间的长短与物体的运动速度。如果曝光时间过长,物体运动速度过快则会出现图像模糊;如果曝光时间很短,类似于运动物体在瞬间被冻结了,则很少出现图像模糊的现象。那么如何选择高速抓拍的工业相机呢,只要注意如下几点:

(1)色彩需求。要拍摄物体的颜色特征,就必须用颜色还原性比较好的相机;一般与颜色无关的情况下采用黑白相机。但有些要检测的特征可能在彩色图片里能够更好地显现,此时也可考虑使用彩色相机。

(2)曝光时间。要满足物体运动速度 V_p 曝光时间 $T_s <$ 允许最长拖影 S。运动速度比较快的物体拍照,为了防止长的拖影就需要极短的曝光时间,选用感光比较好的工业相机,可以实现。

(3)帧率指标。帧率即相机每秒钟可以捕捉的图像数量,一般决定于图像大小、曝光时间等,是相机的一个重要指标。相机帧率必须保证能够拍摄到系统要求时间间隔最短的两张图片,否则就有可能造成丢帧等现象,进而漏检某些产品。

2.3 镜头

镜头是用以成像的光学系统,由一系列光学镜片和镜筒所组成,每个镜头有焦距和相对口径两个特征数据。根据镜头产地分类主要是日系镜头和德系镜头。日系镜头主要是色彩的还原性较好,德系镜头层次感较强。市场上中国的镜头也逐渐占领一定的市场,主要是价格较为低廉。根据镜头的性能及外形区分,目前有 P 型、E 型、L 型和自动变焦镜头等类型,如图 2-10 所示。

图 2-10 镜头种类

1) P 型镜头

(1) 自动定位镜头,本身瞳焦已经调节好,需要检验从最大倍率到最小倍率的清晰度是否一致、是否清晰。

(2) 检验同轴度,即最大倍率到最小倍率取像在同一位置,不能偏移或偏移太大,均视为不良品,必须重新更换镜头。

(3) 光学放大倍率为 0.7~4.5×,即 0.7 倍到 4.5 倍之间共 9 种倍率。

(4) 清晰度根据校正块、实际对象成像反应来进行判断。

2) E、L 型镜头

(1) 此镜头为普通工业镜头,需要手动调节瞳焦,在机台安装好以后,手动调节使用最大倍率和最小倍率时,图像同样的清晰,如果不能调节清晰度视为不良品,如果调节后镜头有晃动等不稳定因素存在,也视为不良品。

(2) 检验同轴度,即最大倍率到最小倍率取像在同一位置,不能偏移或偏移太大,均视为不良品,必须重新更换镜头。

(3) 光学放大倍率为 0.7~4.5×。

(4) 清晰度根据校正块、实际对象成像反应来进行判读。

3) 自动变焦镜头

(1) 自动定位镜头本身瞳焦已经调节好,需要检验从最大倍率到最小倍率的清晰度是否一致、是否清晰。

(2) 检验同轴度,即最大倍率到最小倍率取像在同一位置,不能偏移或偏移太大,均视为不良品,必须重新更换镜头。

(3) 光学放大倍率为 0.7~4.5×。

(4) 清晰度根据校正块、实际对象成像反应来进行判读。

镜头选择应注意：焦距、目标高度、影像高度、放大倍数、影像至目标的距离、中心点/节点、畸变。

视觉检测中为特定的应用场合选择合适的工业镜头时如何确定镜头的焦距必须考虑以下因素：视野，成像区域的大小；工作距离（work distance，WD），摄像机镜头与被观察物体或区域之间的距离；CCD，摄像机成像传感器装置的尺寸；FOV(field of vision)＝所需分辨率×亚像素×相机尺寸/PRTM(零件测量公差比)。

注意：勿将工作距离与物体到像的距离混淆。工作距离是从工业镜头前部到被观察物体之间的距离。而物体到像的距离是 CCD 传感器到物体之间的距离。计算要求的工业镜头焦距时，必须使用工作距离。

2.3.1 镜头分辨率

分辨率可以从显示分辨率与图像分辨率两个方向来分类。

显示分辨率(屏幕分辨率)是屏幕图像的精密度，是指显示器所能显示的像素有多少。由于屏幕上的点、线和面都是由像素组成，显示器可显示的像素越多，画面越精细，同样的屏幕区域内能显示的信息也越多，所以分辨率是非常重要的性能指标之一。可以把整个图像想象成是一个大型的棋盘，而分辨率的表示方式就是所有经线和纬线交叉点的数目。显示分辨率一定的情况下，显示屏越小图像越清晰，反之，显示屏大小固定时，显示分辨率越高图像越清晰。

图像分辨率是单位英寸中所包含的像素点数，其定义更趋近于分辨率本身的定义。

横向 1 024 个像素点，纵向 768 个像素点。1 024×768，即 4∶3 比例。1 024×768＝786 432，即：约等 80 万像素。采用这个分辨率拍出的相片为 80 万像素(说照相机、摄像头、手机的相机等是多少万像素的，就是这个意思)。像素越大，冲印出来后的相片尺寸就越大。

2.3.2 镜头焦距

镜头焦距(focal length，FL)是指镜头光学后主点到焦点的距离，是镜头的重要性能指标。镜头焦距的长短决定着拍摄的成像大小、视场角大小、景深大小和画面的透视强弱。

镜头的焦距是镜头一个非常重要的指标。镜头焦距的长短决定了被摄物在成像介质(胶片或 CCD 等)上成像的大小，相当于物和像的比例尺。当对同一距离远的同一个被摄目标拍摄时，镜头焦距长的所成的像大，镜头焦距短的所成的像小。根据用途的不同，照相机镜头的焦距相差非常大，有短到几毫米，十几毫米的，也有长达几米的。

镜头的焦距分为像方焦距和物方焦距。像方焦距是像方主面到像方焦点的距离，同样，物方焦距就是物方主面到物方焦点的距离。必须注意，由于照相机镜头设计，特别是变焦距镜头中广泛采用了望远镜结构，物方焦距与像方焦距是不一定相等的。平时所说的照相机镜头的焦距是指像方焦距。

如果在测量物体的宽度，则需要使用水平方向的 CCD 规格等。如果以英寸为单位进行测量，则以英尺进行计算，最后再转换为毫米。

举例：有一台 $1/3''$C 型安装的 CDD 摄像机(水平方向为 4.8 mm)。物体到镜头前部的距离为 $12''$(305 mm)。视野或物体的尺寸为 $2.5''$(64 mm)。

换算系数为 $1''$＝25.4 mm(经过圆整)。

FL＝4.8 mm×305 mm/64 mm

$FL = 1\,464\ \text{mm}/64\ \text{mm}$

$FL = $ 按 23 mm 镜头的要求

$FL = 0.19'' \times 12''/2.5''$

$FL = 2.28''/2.5''$

$FL = 0.912'' \times 25.4\ \text{mm}/\text{in}$

$FL = $ 按 23 mm 镜头的要求

2.3.3 镜头景深

景深(depth of field，DOF)是指在摄影机镜头或其他成像器前沿能够取得清晰图像的成像所测定的被摄物体前后距离范围。当相机的镜头对着某一物体聚焦清晰时，在镜头中心所对的位置垂直镜头轴线的同一平面的点都可以在胶片或者接收器上形成相当清晰的图像，在这个平面沿着镜头轴线的前面和后面一定范围的点也可以结成眼睛可以接受的较清晰的像点，把这个平面的前面和后面的所有景物的距离叫作相机的景深。而光圈、镜头及拍摄物的距离是影响景深的重要因素。

光轴平行的光线射入凸透镜时，理想的镜头应该是所有的光线聚集在一点后，再以锥状扩散开来，这个聚集所有光线的一点，叫作焦点。

在焦点前后，光线开始聚集和扩散，点的影像变为模糊，形成一个扩大的圆，这个圆叫作弥散圆。

在现实当中，观赏拍摄的影像是以某种方式(如投影、放大成照片等)来观察的，人的肉眼所感受到的影像与放大倍率、投影距离及观看距离有很大的关系，如果弥散圆的直径大于人眼的鉴别能力，在一定范围内实际影像产生的模糊是不能辨认的。这个不能辨认的弥散圆称为容许弥散圆。在焦点的前、后各有一个容许弥散圆。

以持照相机拍摄者为基准，从焦点到近处容许弥散圆的距离称前焦深，从焦点到远方容许弥散圆的距离称后焦深。

光圈、镜头及拍摄物的距离是影响景深的重要因素。光圈越大(光圈值 f 越小)景深越浅，光圈越小(光圈值 f 越大)景深越深。镜头焦距越长景深越浅、反之景深越深。主体越近，景深越浅，主体越远，景深越深(见图 2-11)。

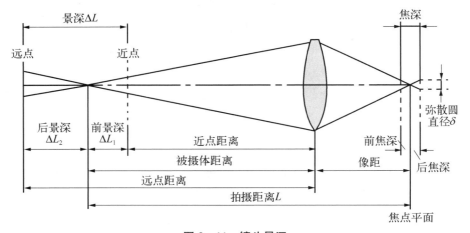

图 2-11 镜头景深

景深计算如下：

$$\Delta L_1 = \frac{F\sigma L^2}{f^2 + F\sigma L} \qquad \Delta L_2 = \frac{F\sigma L^2}{f^2 - F\sigma L} \qquad \Delta L_2 = \Delta L_1 + \Delta L_2 = \frac{2f^2 F\sigma L^2}{f^4 - F^2\sigma^2 L^2}$$

式中，δ 为弥散圆直径；f 为镜头焦距；F 为镜头拍摄时的光圈值；L 为对焦距离；ΔL_1 为前景深；ΔL_2 为后景深；ΔL 为景深。

从计算式可以看出，后景深＞前景深。

由景深计算式可以看出，景深与镜头使用光圈、镜头焦距、拍摄距离以及对像质的要求(表现为对容许弥散圆的大小)有关。这些主要因素对景深的影响如下(假定其他的条件都不改变)。

(1) 镜头光圈：光圈越大，景深越浅；光圈越小，景深越深。

(2) 镜头焦距：镜头焦距越长，景深越浅；焦距越短，景深越深。

(3) 拍摄距离：距离越远，景深越大；距离越近，景深越小。

(4) 主体与背景距离：距离越远，景深越深；距离越近，景深越浅。

(5) 主体与镜头距离：距离越远，景深越浅；距离越近(不能小于最小拍摄距离)，景深越深。

在进行拍摄时，调节相机镜头，使距离相机一定距离的景物清晰成像的过程，称为对焦，那个景物所在的点，称为对焦点。因为"清晰"并不是一种绝对的概念，所以，对焦点前(靠近相机)、后一定距离内的景物的成像都可以是清晰的，这个前后范围的总和，即景深，意思是只要在这个范围之内的景物，都能清楚地拍摄到。景深的大小，首先与镜头焦距有关，焦距长的镜头，景深小，焦距短的镜头景深大。其次，景深与光圈有关，光圈越小(数值越大，如 $f16$ 的光圈比 $f11$ 的光圈小)，景深就越大；光圈越大(数值越小，如 $f2.8$ 的光圈大于 $f5.6$)景深就越小。再次，前景深小于后景深，也就是说，精确对焦之后，对焦点前面只有很短一点距离内的景物能清晰成像，而对焦点后面很长一段距离内的景物，都是清晰的。

能同时被眼看清楚的空间深度称为眼的成像空间深度，也即景深。

图 2‑12　远心镜头产品

2.3.4　远心镜头

远心镜头如图 2‑12 所示。

远心镜头主要分为物方远心镜头、像方远心镜头和双侧远心镜头。

(1) 物方镜头。物方远心镜头是将孔径光阑放置在光学系统的像方焦平面上，当孔径光阑放在像方焦平面上时，即使物距发生改变，像距也发生改变，但像高并没有发生改变，即测得的物体尺寸不会变化。物方远心镜头是用于工业精密测量，畸变极小，高性能的可以达到无畸变。

(2) 像方镜头。像方远心镜头是通过在物方焦平面上放置孔径光阑，使像方主光线平行于光轴，从而虽然 CCD 芯片的安装位置有改变，但在 CCD 芯片上投影成像大小不变。

(3) 双侧镜头。双侧远心镜头兼有上面两种远心镜头的优点。在工业图像处理中，一般只使用物方远心镜头,偶尔也有使用双侧远心镜头(当然价格更高)。而在工业图像处理/机器视觉这个领域里,像方远心镜头一般来说不会起作用的,因此这个行业基本是不选择用它。

远心镜头依据其独特的光学特性:高分辨率、超宽景深、超低畸变以及独有的平行光设计等,给机器视觉精密检测带来质的飞跃。

远心镜头的设计目的是消除由于被测物体(或 CCD 芯片)离镜头距离的远近不一致,造成放大倍率不一样。根据远心镜头分类设计原理分别如下。

(1) 物方远心光路设计原理及作用。物方远心光路是将孔径光阑放置在光学系统的像方焦平面上,物方主光线平行于光轴主光线的会聚中心位于物方无限远处,称为物方远心光路。其作用为:可以消除物方由于调焦不准确带来的读数误差,如图 2-13 所示。

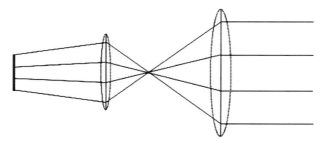

图 2-13 物方远心光路

(2) 像方远心光路设计原理及作用。像方远心光路是将孔径光阑放置在光学系统的物方焦平面上,像方主光线平行于光轴主光线的会聚中心位于像方无限远处,称为像方远心光路(见图 2-14)。其作用为:可以消除像方调焦不准引入的测量误差。

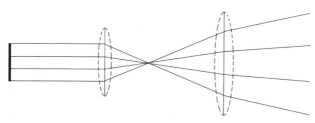

图 2-14 像方远心光路

(3) 双侧远心光路设计原理及作用综合了物方/像方远心的双重作用。主要用于视觉测量检测领域(见图 2-15)。

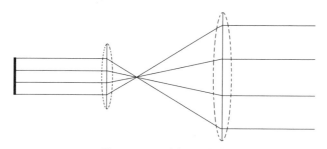

图 2-15 双侧远心光路

远心度是多元件镜头设计的一种特性,这类设计中所有穿过物或者像点的主光线是准直的,例如,远心发生在物方和/或像方主光线平行于光轴,另一种描述远心的方式是系统的入瞳和/或出瞳位于无穷远。这个是根据远心透镜的原理来的。

如果是物放远心透镜,那么意思就是入瞳位子(entrance pupil position)在无穷远,等价于孔径光阑(aperture)在物镜的焦平面上。但是,实际设计的物放远心透镜孔径光阑不可能严格放在物镜的焦平面上,或者优化的时候,给入瞳位置优化到一个很大的值,使得系统基本上是一个物方远心光路。

检验远心度的方法就是物放主光线与光轴的夹角。当这个夹角为 0 时,就是严格远心,当这个夹角的值很小,基本接近于 0 时,就不是理想远心光路。这个夹角的度数就是远心度,市场上的远心镜头给出的远心度规格基本是在 $0.1°\sim0.3°$ 之间,这个度数越小,表示远心度越好。市面上也有非常精密的远心镜头,远心度小于 $0.1°$,但是价格相对较高。

远心工业镜头主要是为纠正传统工业镜头的视差而特殊设计的镜头,它可以在一定的物距范围内,使得到的图像放大倍率不会随物距的变化而变化,这对被测物不在同一物面上的情况是非常重要的应用。

普通工业镜头目标物体越靠近镜头(工作距离越短),所成的像就越大。在使用普通镜头进行尺寸测量时,会存在如下问题。

(1) 由于被测量物体不在同一个测量平面,而造成放大倍率的不同。

(2) 镜头畸变大。

(3) 视差也就是当物距变大时,对物体的放大倍数也改变。

(4) 镜头的解析度不高。

(5) 由于视觉光源的几何特性,而造成的图像边缘位置的不确定性。

远心镜头就可以有效地解决普通镜头存在的上述问题,并且没有此性质的判断误差,因此可用在高精度测量、度量计量等方面。远心镜头是一种高端的工业镜头,通常有比较出众的像质,特别适合于尺寸测量的应用。

无论何处,在特定的工作距离、重新调焦后会有相同的放大倍率。因为远心镜头的最大视场范围直接与镜头的光阑接近程度有关,镜头尺寸越大,需要的现场就越大。远心测量镜头能提供优越的影像质素,畸变比传统定焦镜头小,这种光学设计令影像面更对称,可配合软件进行精密测量。

普通镜头优点:成本低,实用,用途广。

普通镜头缺点:放大倍率会有变化,有视差。

普通镜头应用:大物体成像。

远心镜头的优点:放大倍数恒定,不随景深变化而变化,无视差。

远心镜头的缺点:成本高,尺寸大,重量重。

远心镜头的应用:度量衡方面,基于 CCD 方面的测量,微晶学。

2.3.5　畸变

一般来说,镜头畸变实际上是光学透镜固有的透视失真的总称,是因为透视原因造成的失真,这种失真对于照片的成像质量是非常不利的,毕竟摄影的目的是为了再现,而非夸张,但因为这是透镜的固有特性(凸透镜汇聚光线、凹透镜发散光线),所以无法完全消除失真,只能改善。高档镜头光学利用镜片组的优化设计、选用高质量的光学玻璃(如萤石玻璃)来制造镜片,可以使透视变形降到很低的程度。但是完全消除畸变是不可能的,目前最高质量的镜头在极其严格的条件下测试,在镜头的边缘也会产生不同程度的变形和失真。

用广角镜头拍摄的特写照片,其中被摄对象的鼻子与面部的其他器官相比会显得出奇的大。这就是用广角镜头拍摄的很多照片所具有的一种透视畸变形式的特征。

这种失真发生的原因其实就是透视。正常透视,众所周知,眼睛感觉远近的一种方法就是利用物体的相对大小,也就是"近大远小"。在摄影中,也是用相同方法表达透视关系的:平行的铁轨会随着我们向远处瞭望而显得越来越靠近,直至汇聚成一点。这一现象的本质就是铁轨间的距离表面上看变小了。

透视的另一种表现,即物体越近,透视效果越强烈,比方说,200名士兵排成一纵队正在行进。如果在距离前面士兵10英尺的地方观看或拍摄队伍,那么前面的士兵就会显得比最后的士兵高大得多。但是,如果在远离前面士兵100米的地方观看或拍摄同一支队伍,第一个和最后一个士兵之间的大小差异就那么明显。

透视的这两方面特征同样适用于所有的镜头,即被摄体越远,显得越小;镜头离被摄体越远,被摄体外观上的大小变化越小。

对于广角镜头的透视畸变。为什么广角镜头常常产生失真的透视关系,比如实例中怪异的鼻子?因为使用广角镜头往往在非常接近被摄体的位置上进行拍摄,拍摄距离越近,透视效果越强烈。

倘若是在相同的距离使用所有镜头进行拍摄的话,广角镜头并不会比任何一只其他镜头更歪曲透视。实际上,通过试验并不难证实,使用不同焦距的镜头拍摄一排柱子或一排树或是任何成排的对象,在相同的位置拍摄所有的照片,然后放大每一影像的相同部分,目的是在照片上得到同等大小的影像。最后,不管所用镜头的焦距如何,在任何一张照片上都不会看到透视方面存在任何的差异。原因是所有照片的拍摄距离都是相同的,即被摄体到镜头的距离都是相同的。

举例特写照片中大鼻子的问题。人的鼻子尖距离照相机比面部的其他部分大约近1英寸。由于被摄体越近就会显得越大,因此靠近拍摄时,鼻子就会显得比面部其他部分不成比例的大。那么,为什么广角镜头会使这种失真更为显著呢?因为为了使肖像充满画面,对于广角镜头必须极为接近被摄对象。对于任何一种镜头,当非常接近被摄体到一定程度时,就会产生这种失真。越接近被摄体,失真越严重。正是由于希望被摄体充满画面,而恰恰进入了广角镜头的失真距离范围。

对于远摄镜头的透视畸变。实际上,随着被摄体越来越远,透视畸变会变得越来越小,但却开始变得扁平,也就是失去层次和细节。相距很远的两个被摄体却显得像一个在另一个之上似的。这是一种反向畸变,在使用远摄镜头拍摄时时常出现。由于被摄体距离照相机非常遥远,从而产生了扁平的透视效果。

为什么这种情形经常会在用远摄镜头拍摄的照片中看到呢?这是因为使用远摄镜头时,拍摄距离往往更为遥远。事实上,在相同的距离处无论使用什么镜头都会产生这种失真。

1) 枕形畸变

枕形畸变(pincushion distortion),又称枕形失真(见图 2-16),它是由镜头引起的画面向中间"收缩"的现象。在使用长焦镜头或使用变焦镜头的长焦端时,最容易察觉枕形失真现象。特别是在使用焦距转换器后,枕形失真便很容易发生。当画面中有直线(尤其是靠近相框边缘的直线)的时候,枕形失真最容易被察觉。普通消费级数码相机的枕形失真率通常为 0.4%,比桶形失真率低。与枕形失真相对的是桶形失真。

处理方法:可以利用镜头中间部分变形少解析度的图画构图,多留余量,后期通过 PS 裁切。也可以使用软件进行矫正。

图 2-16　枕形畸变　　　　　　　　　图 2-17　桶形畸变

2) 桶形畸变

桶形畸变(barrel distortion),又称桶形失真(见图 2-17),是由镜头中透镜物理性能以及镜片组结构引起的成像画面呈桶形膨胀状的失真现象。在使用广角镜头或使用变焦镜头的广角端时,最容易察觉桶形失真现象。当画面中有直线(尤其是靠近相框边缘的直线)时,桶形失真最容易被察觉。普通消费级数码相机的桶形失真率通常为 1%。与桶形失真相对的是枕形失真。

失真是由于光线的倾斜度大引起的,与球差和像散不同,失真不破坏光束的同心性,从而不影响像的清晰度。失真表现在像平面内图形的各部分与原物不成比例。畸变的情况与光阑的位置有关。

在通常情况下,广角镜头都有或多或少的桶形畸变,尤其是在变焦镜头的广角端,这个问题更是十分严重,很多大变焦比便携式相机出于成本考虑,在这个方面更是有先天不足。

处理方法:可以使用软件进行矫正。比如 PS 当中有个插件叫全景工具,可以有效地矫正失真部分。

3) 线性畸变

线性畸变(linear distortion),又称为线性失真(见图 2-18),当试图近距离拍摄高大的直线结构,比如建筑物或树木的时候,就会导致另外一种失真。假设使用的是广角镜头,并且认为只要把照相机稍微向上瞄准一点,就可以离得很近也能把整个结构拍摄下来。但是由于实际上平行的线条显得并不平行了,结果是建筑物或树木好像要倾倒下来似的,这种失真现象称为线性畸变。

问题出自向上倾斜了照相机,镜头所瞄准的方向导致建筑物或树木的两侧充当了像典型铁路轨道一样的角色,即它们朝向中心汇聚并产生了正常的纵深透视。

如果摄影者是站在建筑物一面墙或树木一侧中部的静点位置拍摄,那么上述这种透视关系看上去并非不自然。但是,当摄影者的位置偏离中心时,由于结构的两侧并不是以相同的角度汇聚,问题就出现了。比如,有这么一面建筑物的墙,它的一个边看上去直上直下的,

图 2 - 18　线性畸变

而另外一个边呈 30°角，这样拍出来的照片似乎是金字塔而决非是什么摩天大楼。

　　如果拍摄角度相同，任何一只镜头都会产生线性畸变。只是由于广角镜头使得线条的倾斜更明显，让这一现象更为显著罢了。

　　怎样解决这种问题呢？其实很简单，只需要使照相机背部与所拍摄的建筑物正面平行即可。如果拍摄不到整个建筑物的话，要么换用更广角的镜头，要么向后移动。

　　另一个线性畸变问题的解决方案是使用机背取景照相机。这种照相机可以上下或左右移动镜头，从而使所拍摄物体的正面与位于固定位置的胶片保持平行。这也是建筑摄影师几乎总是使用机背取景照相机的原因。

　　调制传递函数（modulation transfer function，MTF）是目前分析镜头的解像比较科学的方法，近来有越来越多人发现这虽然是一种标准，但有些影像使用非标准化方法也能衡量，所以 MTF 只是个参考值而非全部。

　　一般通过光学系统输出像的对比度总比输入像的对比度要差，这个对比度的变化量与空间频率特性有密切的关系。把输出像与输入像的对比度之比称为调制传递函数，MTF 的定义：

MTF＝输出图像的对比度/输入图像的对比度

　　因为输出图像的对比度总小于输入图像的对比度，所以 MTF 值介于 0～1 之间。

　　这种测定光学频率的方式是以 1 mm 范围内能呈现出多少条线来度量，其单位以线对/毫米（lp/mm）来表示。所以当一支镜头能做到所入即所出的程度那就表示这支镜头是所谓的完美镜头，但是因为镜片镜头的设计往往还有很多因素影响所以不可能有这种理想化的镜头。

　　MTF 截止频率（MTF cut off）：OQAS 参数，表示人眼 MTF 曲线在空间频率到达该频率值时，就会到达分辨率极限，即 MTF 值趋向于零。

　　OQAS MTF 截止频率

　　正常人≥30 c/deg，其值越大，视觉质量越好。

　　镜头的成像品质非常关键，虽然各种针对镜头成像素质的测试方法层出不穷，但由于测试条件千差万别，因此这些方法都不能非常准确地反映镜头的真实品质。与媒体拍摄分辨率标板的测试方法相比，MTF 成像曲线图是由镜头的生产厂家在极为客观严谨的测试环境下测得并对外公布的,是镜头成像品质最权威、最客观的技术参考依据。下面就来介绍MTF 曲线的技术原理和解读方法。MTF 曲线如图 2-19 所示。

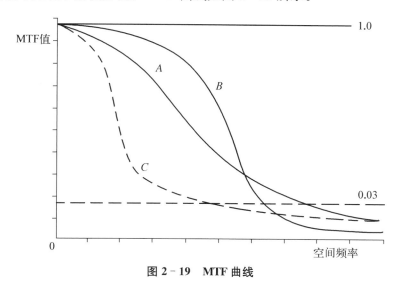

图 2-19　MTF 曲线

以图 2-19 为例,针对 A、B、C 3 条 MTF 曲线分析如下。

曲线 A 所代表的是镜头在低频段反差适中,但随着空间频率的提高,它的衰减过程很慢,说明其素质还是不错的。

曲线 B 所代表的是镜头在低频表现很好,说明镜头的反差很好,但随着空间频率的提高,它的曲线衰减很快,说明镜头的分辨率不算很好。

曲线 C 所代表的是镜头在低频时很快就衰减,综合素质较低。

和上面的曲线不同,厂商在绘制 MTF 曲线时都是固定空间频率和光圈。

其中固定空间频率低频(10 lp/mm)曲线代表镜头反差特性,这条曲线越高,镜头反差越大。而固定高频(30 lp/mm)曲线代表镜头分辨率特性,这条曲线越高,镜头分辨率越高。虽然纵坐标还是 MTF 值,但横坐标改为了像场中心到测量点的距离。镜头是以光轴为中心的对称结构,中心向各方向的成像素质变化规律是相同的。由于像差等因素的影响,像场中某点与像场中心的距离越远,其 MTF 值一般呈下降的趋势。因此以像场中心到像场边缘的距离为横坐标,可以反映镜头边缘的成像素质。

另外,在偏离像场中心的位置,由沿切线方向的线条与沿径向方向的线条的正弦光栅所测得的MTF 值是不同的。将平行于直径的线条产生的MTF 曲线称为弧矢曲线,标为 S(sagittal),而将平行于切线的线条产生的 MTF 曲线称为子午曲线,标为 M(meridional)。如此一来,厂商所测得的 MTF曲线一般有两条,即 S 曲线和 M 曲线(见图 2-20)。

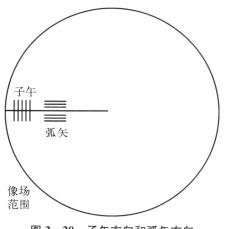

图 2-20　子午方向和弧矢方向

关于 MTF 曲线的认读,需要注意的事项总结如下。

(1) MTF 曲线图像的横坐标:从左至右,代表成像平面圆心到边缘的半径尺寸位置。最左边为零,为镜头中心,最右边是像场半径最边缘,视镜头像场大小而定,尺寸单位是 mm。

(2) MTF 曲线的纵坐标:从下到上,从 0 到 1,没有单位,代表成像素质接近实物状况的百分比。1 就是 100%,1 是一个理想值,现实中是不能达到的,曲线只能无限接近于 1,但永不能等于 1。

(3) MTF 曲线与横轴、纵轴所围成的空间,面积越大越好。MTF 曲线越平直越好,平直性说明镜头边缘和中心部分的成像均匀性。

(4) 对于 135 胶片(全画幅)来说,成像面积 36 mm×24 mm,有效成像直径是 3:2 尺寸的斜边,成像横坐标最大到 21.6 mm(见图 2-21)。所以在 135 胶片下,横坐标 0~21.6 mm 与成像有关,超出此范围,便与成像无关,曲线下降也没有关系。对于 APS-C 画幅则主要观察曲线在 0~14.4 mm 范围内的变化。其他画幅类似。

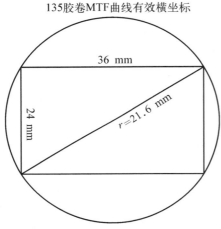

135胶卷MTF曲线有效横坐标

图 2-21　135 胶卷 MTF 有效值

(5) S 曲线与 M 曲线越接近越好。

(6) 低频(10 lp/mm)曲线代表镜头的反差特性,高频(30 lp/mm)曲线代表镜头的分辨率特性。其中 lp/mm 表示单位长度(每毫米)的亮度。

(7) 不要将不同焦距段、不同档次、不同规格(全幅、APS-C 画幅)以及定焦和变焦等不同镜头的 MTF 图进行比较,因为它们的特性受设计规格、光学特性、像差以及成本、用料的影响很大,不具有可比性。只有同档次、同规格镜头的 MTF 图才具有比较意义。

(8) 不要将不同厂家的镜头 MTF 曲线图进行比较,因为各厂家所公布的 MTF 曲线图均是在各自的测试环境下测量所得,而测试环境存在差异。

照片成像素质影响最大的是镜头的分辨率和反差。分辨率的单位是 lp/mm,相邻的黑白两条线称为一个线对,每毫米能够分辨出的线对数就是分辨率。如何测试镜头的分辨率和反差?厂商利用拍摄正弦光栅(测试标板中的黑白相间的栅格)的方法进行测试,亮度按正弦变化的周期图形称为正弦光栅。而正弦光栅的疏密程度称为空间频率(spatial frequency),空间频率的单位用 lp/mm 表示。反差=(照度的最大值-照度的最小值)/(照度的最大值+照度的最小值)。反差与正弦光栅分辨率,如图 2-22 所示。

图 2-22　反差与正弦光栅分辨率

所以,反差的数值总是小于或等于 1。这里引入调制度 M 的概念:

$$M = (I_{max} - I_{min})/(I_{max} + I_{min})$$

调制度 M 总是介于 0 和 1 之间,调制度越大,反差越大。在对镜头的反差和分辨率进行测试时,将正弦光栅置于镜头前方,测量镜头成像处的调制度。这时由于镜头像差的影响,会出现以下情况。当空间频率很低时,测量出的调制度 M 几乎等于正弦光栅的调制度;当所拍摄的正弦光栅空间频率提高时,镜头成像的调制度逐渐下降。镜头成像的调制度随空间频率变化。对于原来调制度为 M 的正弦光栅,如果经过镜头到达像平面的像的调制度为 M',则 MTF 函数值 $= M'/M$。

由此可见,MTF 值必定大于 0、小于 1。MTF 值越接近 1,说明镜头的性能越优异。

MTF 值不但可以反映镜头的反差,也可以反映镜头的分辨率。由于 MTF 值是厂商在严谨的测试环境下测得的,排除了成像介质(胶片或感光元件)的影响,因此较为客观。当空间频率很低时,MTF 趋于 1,这时的 MTF 值可以反映镜头的反差。当空间频率提高,也就是正弦光栅的密度提高时,MTF 值逐渐下降,这时的 MTF 曲线可以反映镜头的分辨率。由于人眼的分辨能力有限,一般取 MTF 值为 0.03 时的空间频率作为镜头的目视分辨率极限。空间频率高于这个值时,镜头成像素质的变化人眼难以察觉,也就不存在测量的意义了。

调制传递函数最初是作为表征一个光学系统的重要指标,它适用于一般的光学系统,后来被引入到感光材料中,作为评价材料细部还原能力的一项指标。调制传递函数最大的优点在于它的传递特性,即一个光学系统的调制传递函数,等于组成这个光学系统的各个组元调制传递函数的乘积。对于一个由镜头与胶片组成的照相系统,系统总的调制传递函数等于各镜头与胶片调制传递函数的乘积。虽然分辨率与调制传递函数都可以反映感光材料对影像细部的记录能力,但是因为调制传递函数更客观更具有普遍意义,因此日益得到广泛的应用。

感光材料调制传递函数的定义与其他类型光学系统调制传递函数的定义基本一致。对于一个空间上光强呈正弦变化的入射光 $L(x)$,可以用以下的周期函数来描述:

$$L(x) = L_0 + L_1 \cos(2\pi v x)$$

式中,L_0 为入射背景光强,是常量;L_1 为入射光强的振幅;v 为入射光强的空间频率;x 为距离。

入射光先使被测的感光材料曝光,再经过显影、定影等化学加工过程以后,最终以光密度的形式在感光材料上记录下入射光的像 $D(x)$:

$$D(x) = D_0 + D_1 \cos(2\pi v x)$$

式中,D_0 为背景密度;D_1 为影像密度变化的振幅;v 为空间频率,与入射光的空间频率相同。

调制传递函数的定义是输出光的调制度与输入光的调制度的比值,但感光材料上记录的却是密度影像 $D(x)$,而不是输出光 $L'(x)$ 本身,因此要根据感光材料的特性曲线,将输出影像的光密度换算成相应的输出光强或光量(即将 D_0 换算成 L_0',D_1 换算成 L_1')后,得到输出光 $L'(x)$,如图 2-23 所示。

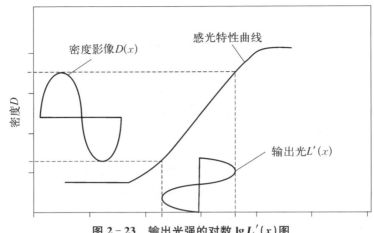

图 2 - 23　输出光强的对数 $\lg L'(x)$ 图

2.3.6　镜头选型

1）焦距

焦距（focal length）记为 f。从镜头中心点到胶平面上所形成的清晰影像之间的距离。一般情况下，焦距越大，工作距离越大，视角越小；焦距越小，工作距离越小，视角越大。相机芯片到被测物体的距离用 OD 表示，镜头焦距用 FD 表示，相机芯片的长边用 H 表示，相机芯片的短边用 W 表示，相机监控的视野用 FOV 表示，视野的长边用 FOV - W 表示，视野的短边用 FOV - H 表示，其数学关系为

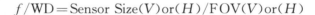

$$f/\text{WD} = \text{Sensor Size}(V)\,or\,(H)/\text{FOV}(V)\,or\,(H)$$

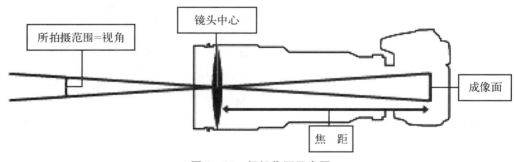

图 2 - 24　相机焦距示意图

2）CCD 芯片的尺寸

正常的 1 in＝25.4 mm

CCD 相机沿用的 1 in＝16 mm 且为对角线长度。

镜头可支持的最大 CCD 尺寸应大于等于选配相机 CCD 芯片尺寸。CCD 芯片的尺寸（sensor size）表如图 2 - 25 所示。

3）光圈系数

$F = f/D$。以镜头焦距 f 和通光孔的直径 D 的比值来衡量。F 值越大，光圈越小。

1.1 in——靶面尺寸为宽 12 mm×高 12 mm,对角线 17 mm

1 in——靶面尺寸为宽 12.7 mm×高 9.6 mm,对角线 16 mm

2/3 in——靶面尺寸为宽 8.8 mm×高 6.6 mm,对角线 11 mm

1/1.8 in——靶面尺寸为宽 7.2 mm×高 5.4 mm,对角线 9 mm

1/2 in——靶面尺寸为宽 6.4 mm×高 4.8 mm,对角线 8 mm

1/3 in——靶面尺寸为宽 4.8 mm×高 3.6 mm,对角线 6 mm

1/4 in——靶面尺寸为宽 3.2 mm×高 2.4 mm,对角线 4 mm

图 2‑25　CCD 芯片的尺寸表

光圈系数(iris)是镜头的重要内部参数,它就是镜头相对孔径的倒数,光圈系数的标称值数字越大,表示其实际光圈就越小。一般的厂家都会用 F 数来表示这一参数。镜头的光圈排列顺序是:1、1.4、2.0、2.8、3.5、4.0、5.6、8.0、11、16、22、32 等,$F/\sharp$ 的大小通常通过改变光圈调整环的大小来设置。随着数值的增大,其实际光孔大小也随之减小,而其在相同快门时间内的光通量也随之减小。

光圈可以控制镜头的进光量,即光照度,还可以调节景深,以及确定分辨率下系统成像的对比度,从而影响成像质量。一般采用 $F\sharp$ 来表示光圈,通常情况下都将光圈设置在镜头内部。计算式表示为

$$F/\sharp = EFL/DEP$$

其中 EFL 为有效焦距,DEP 为有效入瞳直径,广泛运用于无穷远工作距的情况。

在机器视觉中,由于工作距离有限,物体与透镜非常接近,此时 $F/\sharp$ 更精确的表示为

$$(F/\sharp)w \approx (1+|m|)\times F/\sharp$$

例如:一个 $F/2.8$,放大率为 -0.5 倍,25 mm 镜头的$(F/\sharp)W$ 为 $F/4.2$。

$F/\sharp$ 的正确计算对光照度和成像质量有着不可忽视的影响。

同时,与数值孔径 NA 也是密切相关的,这点在显微镜和机器视觉上显得尤为重要:

$$NA = 1/[2(F/\sharp)]$$

随着像元尺寸的持续减小,$F/\sharp$ 成了限制系统成像质量的重要因素,因为它使景深和分辨率成反比的关系,景深增大,分辨率降低。所以根据具体环境选取 $F/\sharp$ 大小也成了一个重要的技术指标。

4)接口

镜头与相机的连接方式有 C/CS/F 等,C/CS 基本可以通用,螺纹直径均为 25 mm,只是长度不同,可以用转接环配合,如图 2‑26 所示。

S接口　　　　　　　　C接口　　　　　　　　F接口

图 2‑26　镜头与相机接口

5）景深

被拍摄物体聚焦清楚后，在物体前后一定距离内，其影像仍然清晰的范围。光圈越大，景深越小；光圈越小，景深越大；焦距越长，景深越小；焦距越短，景深越大。距离拍摄物体越近时，景深越小。

6）分辨率

分辨率（resolution）又称分辨力，是指摄影镜头清晰地再现被摄景物纤微细节的能力。镜头的分辨率是指在成像平面上 1 mm 间距内能分辨开的黑白相间的线条对数。显然分辨率越高的镜头，所拍摄的影像越清晰细腻。它的优点是可以量化，用数据表示，使结果更直观、更科学、更严密。

分清传感器水平或者垂直方向上的像素大小，及该方向上物体的尺寸，可以计算出每个像元表示的物体大小，从而计算出分辨率，有助于选择镜头与传感器的最佳配合。

分辨率表示了镜头的解像能力，单位为 lp/mm。光学系统的分辨率取决于传感器的像素，分辨率的最终确定，还取决于所选取的相应镜头的成像质量。

Pixel size 为像元尺寸，分辨率计算为

$$分辨率 = \frac{1\ 000\ \mu m/mm}{2 \times \text{pixel size}(\mu m)}$$

例如：pixel size $= 3.45\ \mu m \times 3.45\ \mu m$，Number of pixels$(H \times V) = 2\ 048 \times 2\ 050$ 的传感器，视场大小为 100 mm，则

$$分辨率 = \frac{1\ 000\ \mu m/mm}{2 \times 3.45\ \mu m} = 149\ \text{lp/mm}$$

传感器尺寸为

$$水平尺寸 = \frac{3.45\ \mu m \times 2\ 248}{1\ 000\ \mu m/mm} = 8.45\ mm$$

$$垂直尺寸 = \frac{3.45\ \mu m \times 2\ 050}{1\ 000\ \mu m/mm} = 7.07\ mm$$

$$放大率(\text{PMAG}) = \frac{8.45\ \mu m}{100\ mm} = 0.084\ 5x$$

$$该系统的空间分辨率(\mu m) = \frac{145\ \text{lp}}{mm} \times 0.084\ 5 = \frac{12.25\ \text{lp}}{mm} = 41\ \mu m$$

7）后背焦

后背焦（flange distance）指相机接口平面到芯片的距离。在线扫描镜头或者大面阵相机的镜头选型时，后背焦是一个非常重要的参数，它直接影响镜头的配置。

8）信噪比

信噪比指摄像机的图像信号与它的噪声信号之比，用 S/N 表示。S 表示摄像机在假设元噪声时的图像信号值，N 表示摄像机本身产生的噪声值（比如热噪声），两者之比即为信噪比，用分贝（dB）表示。信噪比越高越好，典型值为 46 dB。为了获得预期的摄像效果，在选

配镜头时,应着重注意被摄物体的大小,即被摄物体的细节尺寸、物距、焦距、CCD 摄像机靶面的尺寸、镜头及摄像系统的分辨率 6 个基本要素。

除此以外,还需要考虑工作距离(working distance,WD)、视野范围(field of view,FOV)和光学放大倍数(magnification)。

2.4　光源

光源是影响机器视觉系统输入的重要因素,它直接影响输入数据的质量和应用效果,如图 2 - 27 所示。由于没有通用的机器视觉照明设备,所以针对每个特定的应用实例,要选择相应的照明装置,以达到最佳效果。光源可分为可见光和不可见光。常用的几种可见光源是白炽灯、日光灯、水银灯和钠光灯,光谱图如图 2 - 28 所示。可见光的缺点是光能不能保持稳定。如何使光能在一定的程度上保持稳定,是实用化过程中急需要解决的问题。另一方面,环境光有可能影响图像的质量,所以可采用加防护屏的方法来减少环境光的影响。照明系统按其照射方法可分为:背向照明、前向照明、结构光和频闪光照明等。其中,背向照明是被测物放在光源和摄像机之间,它的优点是能获得高对比度的图像。前向照明是光源

图 2 - 27　工业视觉系统的光源组件

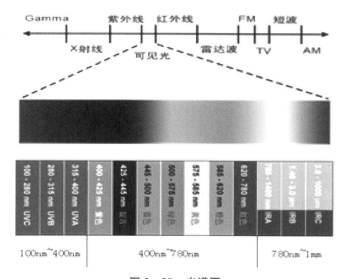

图 2 - 28　光谱图

和摄像机位于被测物的同侧,这种方式便于安装。结构光照明是将光栅或线光源等投射到被测物上,根据它们产生的畸变,解调出被测物的三维信息。频闪光照明是将高频率的光脉冲照射到物体上,摄像机拍摄要求与光源同步。

照明系统按其照射方法可分为:背向照明、前向照明、结构光和频闪光照明等,如图 2-29 所示。其中,背向照明是被测物放在光源和摄像机之间,它的优点是能获得高对比度的图像。前向照明是光源和摄像机位于被测物的同侧,这种方式便于安装。结构光照明是将光栅或线光源等投射到被测物上,根据它们产生的畸变,解调出被测物的三维信息。频闪光照明是将高频率的光脉冲照射到物体上,摄像机拍摄要求与光源同步。

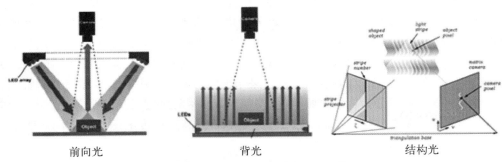

前向光　　　　　　　　　背光　　　　　　　　　结构光

图 2-29　工业视觉系统的光源组件

2.4.1　光源类型

通过适当的光源照明设计可以使图像中的目标信息与背景信息得到最佳分离,可以大大降低图像处理的算法难度,同时提高系统的精度和可靠性。反之,如果光源设计不当,会导致在图像处理算法设计和成像系统设计中事倍功半。截至目前尚没有一个通用的机器视觉照明设备,因此针对每个特定的案例,要设计合适的照明装置,以达到最佳效果。因此,光源及光学系统设计的成败是决定系统成败的首要因素。

1) 同轴光源

同轴光源如图 2-30 所示。该方式具有成像清晰,亮度均匀,高密度排列 LED,亮度大

同轴光源剖面结构图

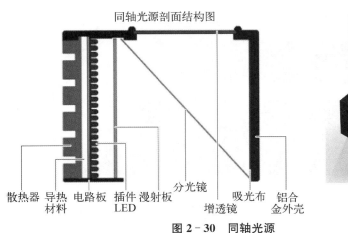

散热器　导热　电路板　插件　漫射板　　分光镜　　吸光布　铝合
　　　　材料　　　　　LED　　　　　增透镜　　　　金外壳

打光方式

图 2-30　同轴光源

幅度提高;独特散热结构,提高稳定性,延长使用寿命,特殊镀膜分光镜,减少光损失;能够凸显物体表面不平整,克服表面反光造成的干扰;主要检测物体平整光滑表面的碰伤、划伤、裂纹和异物等。

2) 平行同轴光源

平行同轴光源如图 2-31 所示。该光源具有特定的光路设计,平行度达到单边 3 度以内,对比普通同轴光源能实现更好的发光方向性,光源安装空位自由多样,可根据客户实际情况自由选择,光源采用高级镀膜反光镜,能最大限度减少光损失,内部采用特殊处理,使光源发光效果更加理想。

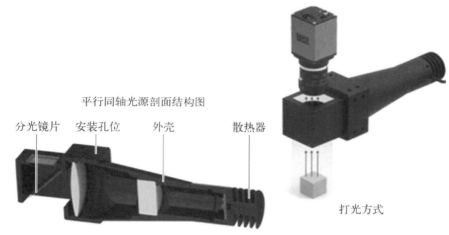

平行同轴光源剖面结构图

分光镜片　安装孔位　　外壳　　　　散热器

打光方式

图 2-31　平行同轴光源

3) 结构光源

结构光源如图 2-32 所示。该光源具有镜头位置可调节,无需加接圈;能适配所有芯片尺寸为 2/3″的 C 接口镜头;栅格片多样化,可根据实际应用定制不同栅格片类型;光斑边界

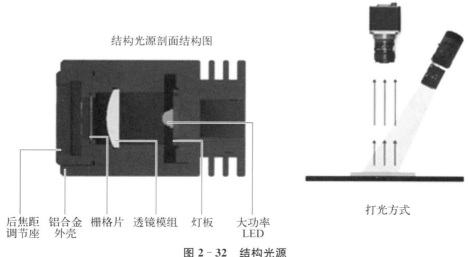

结构光源剖面结构图

后焦距　铝合金　栅格片　透镜模组　灯板　　大功率
调节座　外壳　　　　　　　　　　　　　　　LED

打光方式

图 2-32　结构光源

清晰,亮度均匀,可实现精准照明。

4）环形光源

环形光源提供不同角度照射,能突出物体的三维信息有效解决对角照射阴影问题;周围表面采用滚花设计,扩大散热面积,保障光源的使用寿命;根据客户不同需求可选配不同漫射板,如图2-33所示。

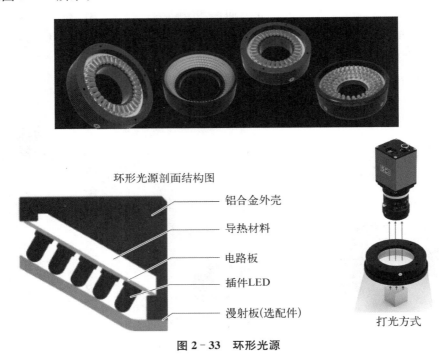

图 2-33　环形光源

5）条形光源

条形光源如图2-34所示。具有大面积打光首选、性价比高等优点,光源照射角度可根据客户安装方式来实现调节;颜色可根据需求搭配,自由组合,尺寸灵活定制。

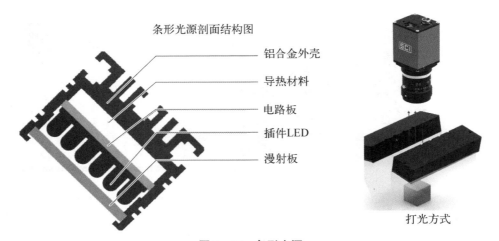

图 2-34　条形光源

此外,还有条形组合光源、底部背光、平行背光、球积分光源、线扫同轴光源等形式,可以满足不同客户要求、材质要求和检测要素要求。

2.4.2　直射光与漫射光

明视野,用直射光来观察对象物体(散乱光呈黑色)。暗视野,用散乱光来观察对象物体(直射光呈白色)。

1) 直射光

以自然光来说,在晴朗的天气条件下,阳光直接照射到被摄者身体的受光面产生明亮的影调,非直接受光面则形成明显的投影,这种光线称为直射光。

照明光线有直射光为硬光、散射光为软光。凡点状光源发出的光为直射光,直射光照射对象能产生明显投影和明暗面。直射光照射对象明暗对比强烈,能表现起伏不平的质地。直射光(硬光),照在被摄体上,形成明显反差,用侧光照明,并有明显的投影有利于表现对象的起伏和皱褶。

光线的选择,对勾画对象的形状、体积、质地、轮廓等外部特征具有重要意义。在自然光照明条件下,有时只有散射光照明,只有单一的直射光照明是极少见的,大都是混合光照明。

在这种照明光线下,由于受光面与阴影面之间有一定的明暗反差,比较容易表现出被摄者的立体形态,而且光线的造型效果比较硬,因此又称硬光。在薄云遮日的天气,由于白云能扩散一部分阳光,使直射光的照明反差降低,适于拍摄人像。其光线性质仍像晴天的阳光,也属直射光。

2) 漫射光

当一束平行的入射光线射到粗糙的表面时,因面上凹凸不平,所以入射光线虽然互相平行,但由于各点的法线方向不一致,造成反射光线向不同的方向无规则地反射,这种反射称为"漫反射"或"漫射"。

照明方式:对裸的光源不加处理,既不能充分发挥光源的效能,也不能满足室内照明环境的需要,有时还能引起眩光的危害。直射光、反射光、漫射光和透射光,在室内照明中具有不同用处。在一个房间内如果有过多的明亮点,不但互相干扰,而且造成能源的浪费;如果漫射光过多,也会由于缺乏对比而造成室内气氛平淡,甚至因其不能加强物体的空间体量而影响人对空间的错误判断。

因此,利用不同材料的光学特性,利用材料的透明、不透明、半透明以及不同表面质地制成各种各样的照明设备和照明装置,重新分配照度和亮度,根据不同的需要来改变光的发射方向和性能,是室内照明应该研究的主要问题。例如,利用光亮的镀银的反射罩作为定向照明,或用于雕塑、绘画等的聚光灯;利用经过酸蚀刻或喷砂处理成的毛玻璃或塑料灯罩,使形成漫射光来增加室内柔和的光线等。

2.4.3　色彩的互补色与增强色

德国生理学家黑林(Ewald Herring)于 19 世纪 50 年代提出颜色的互补处理(opponent process)理论。他不同意流行的杨-赫尔姆霍兹的三色素理论,认为人眼中有三对互补色处理机制,三对互补色分别是:蓝黄,红绿,黑白。每一对互补色中两种色不能同时出现,两种色互补,只能有一种占上风。三对互补色机制输出的信号大小比例不同,人眼色觉就不同。黑林提出这种理论是因为受到颜色负后像现象的支持。颜色负后像现象比如,长久注视红花之后,再观看白色背景,你会看到青色的花。先注视红花上的"十"字半分钟,在看白纸,白纸上就会隐约显示出青色的花来。如果花是黄的,白纸上就会显示出蓝色花,如果花是绛色的,白纸上会显示出绿色花。

按照黑林的理论,红绿是一对互补色,两种色光相加等于白色。而按照日常对"红""绿"的用法,红绿两种色光相加等于黄色光,而不是白色光,所以,或为一对介于两者之间的互补色。

用黑林的理论可以这样解释负后像现象:当人眼长久注视红色时,"红绿"(红青)机制中性点向绿色方向偏移,以至白色变成"绿色"(青色)。其实三色素理论解释负后像现象更加直观:当人眼长久注视红色时,红色敏感细胞敏感性降低,以至白色显现出青色,即(B,G,R)由$(1,1,1)$变成$(1,1,1-\Delta)$;而$(1,1,1-\Delta)$可以分解成白色$(1-\Delta,1-\Delta,1-\Delta)$和青色$(\Delta,\Delta,0)$。

非发光物体的颜色(如颜料),主要取决于它对外来光线的吸收和反射,所以该物的颜色与照射光有关。一般把物体在白昼光照射下所呈现的颜色称为该物体的颜色。如果将白昼光照射在黄蓝两种颜色混合后的表面时,因黄颜料能反射白光中的红、橙、黄和绿4种色光,而蓝色光能吸收其中的红、橙和黄3种色光,结果使混合颜料显示绿色。这种颜色的混合与色光的加色混合不同。

1) 互补色

色彩中的互补色有红色与青色互补,蓝色与黄色互补,绿色与品红色互补。在光学中指两种色光以适当的比例混合而能产生白光,则这两种颜色为互补色。补色并列时,会引起强烈对比的色觉,会感到红的更红、绿的更绿。假如两种色光(单色光或复色光)以适当的比例混合而能产生白色时,则这两种颜色就称为"互为补色"。例如,波长为656 nm的红色光和492 nm的青色光为互为补色光;又如,品红与绿、黄与蓝,即三原色中任一种原色对其余两种的混合色光都互为补色。补色相减(如颜料配色时,将两种补色颜料涂在白纸的同一点上)时,成为黑色。补色并列时,会引起强烈对比的色觉,会感到红的更红,绿的更绿。如将补色的饱和度减弱,即能趋向调和,称为减色混合。能把白光完全反射的物体叫白体;能完全吸收照射光的物体叫黑体(绝对黑体)。

2) 增强色

增强色一般是指用多波段的黑白遥感图像(胶片),通过各种方法和手段进行彩色合成或彩色显示,以突出不同的物之间的差别,提高解译效果的技术。增强色是16位色深,共能显示65 536种颜色数,也叫64 K色,真彩色是24位色深,能显示16 777 216种颜色数,也叫16 M色。人眼识别和区分灰度差异的能力是很有限的,一般只能区分二三十级;但识别和区分色彩的能力却大得多,可达数百种甚至上千种,根据人的视觉特点将彩色应用于图像增强中能在很大程度上提高遥感图像目标的识别精度,所以彩色增强成为遥感图像应用处理的一大关键技术,应用十分广泛。

彩色增强根据生色的原理分为加色增强及减色增强。如用一般摄影方法制成假彩色合成图像,一般为减色法;用加色观察器通过光学摄影得出合成图像,为加色法。此外,还有进行彩色增强或彩色合成的电子模拟设备。

两种常见正向打光方式:暗视野,明视野。明视野用直射光来观察对象,散乱光呈黑色

（看反射光和透射光）。暗视野用散乱光来观察对象，散乱光呈白色（看散乱光），不规则的光线为散乱光。

除了两种正向的打光方式，还有漫射光、直射光、偏光、平行光 4 种照射光。漫射光（扩散光）是各种角度混合起来的光，用到的基本是扩散光。直射光是来自一个方向上的光，可以在亮色暗色阴影之间产生相对高的对比图像。偏光是在垂直于传播方向的平面内，光矢量沿某一固定方向振动的光（通常是利用偏光板来防止特定方向的反射光）平行光是照射角度一致的光，太阳光就是平行光。发光角度越窄的 LED 直射光越接近平行光。

打光主要有 5 个基本因素要重点考虑。

（1）镜头的视场。在照明系统的设计中，应根据被测对象的尺寸确定镜头的视场。而后，再根据镜头视场的大小决定最佳的照明系统。

（2）照明系统与工件的间距。在设计系统中，需全面了解镜头到工作的距离、照明系统到工件的距离，从而确定光源与工件的距离。

（3）工件的外形、条件和颜色。照明的选择是由工件表面的形状、平坦度、光滑程度等条件决定的。最佳的照明颜色（红、蓝、绿、白）可通过检测工作或被检测区域的颜色来决定。

（4）成像物镜。一般情况下，应针对确定的成像物镜进行照明系统的设计，其检验标准为工件中需要可视化的部分、划痕、缺陷等是否被显现出来，工件表面上的印纹是否能够辨认等。

（5）光源技术。通用照明一般采用环状或点状照明。环灯是一种常用的通用照明方式，其很容易安装在镜头上，可给漫反射表面提供足够的照明。背光照明是将光源放置在相对于摄像头的物体的背面。这种照明方式与别的照明方式有很大不同是因为图像分析的不是发射光而是入射光。背光照明产生了很强的对比度。应用背光技术时，物体表面特征可能会丢失。例如，可以应用背光技术测量硬币的直径，但是却无法判断硬币的正反面。同轴照明是与摄像头的轴向有相同方向的光照射到物体表面。同轴照明使用一种特殊的半反射镜面反射光源到摄像头的透镜轴方向。半反射镜面只让从物体表面反射垂直于透镜的光源通过。同轴照明技术对于实现扁平物体且有镜面特征的表面的均匀照明很有用。此外该技术还可以实现使表面角度变化部分高亮，因为不垂直于摄像头镜头的表面反射的光不会进入镜头，从而造成表面较暗。

连续漫反射照明应用于物体表面的反射性或者表面有复杂的角度。连续漫反射照明应用半球形的均匀照明，以减小影子及镜面反射。这种照明方式对于完全组装的电路板照明非常有用。这种光源可以达到 170° 立体角范围的均匀照明。暗域照明是相对于物体表面提供低角度照明。使用相机拍摄镜子使其在视野内，如果在视野内能看见光源就认为是亮域照明，相反在视野中看不到光源就是暗域照明。因此光源是亮域照明还是暗域照明与光源的位置有关。典型的暗域照明应用于对表面部分有突起的照明或表面有纹理变化的照明。结构光是一种投影在物体表面的有一定几何形状的光（如线形、圆形、正方形）。典型的结构光涉及激光或光纤。结构光可以用来测量相机到光源的距离。在许多应用中，为了使视野下不同的特征表现不同的对比度，需要多重照明技术，即多轴照明。表 2-1 列举了 3 种不同材质和表面，在不同打光方式下，相机所获取的图像信息。

表 2 - 1 不同材质、表面在不同打光方式下相机获取图像对比

不同材质 打光方式	（电路板）	（IC 字符）	（铝制零件）
背面打光			
侧面打光			
两侧打光			
环形光源			
环形补光			
侧面补光			
环形补光			

相机在采集图像信息时,会受到材质、环境、杂光等干扰。检测对象材质的变化时,造成光学特性变化,使得图像信息发生变化。检测对象在生产制造过程中因为制造工艺的问题而造成产品的一致性不佳,会使得图像信息发生变化。检验设备所处的位置可能存在外界环境光的干扰,使得检测效果随着环境光的变化而变化。检测对象的材质变化,造成光学特性变化,使得图像信息发生变化。因此光源技术很关键。选择合适的形状、颜色、角度的光源,通过主动光源照明,把需要特征表达出来,而抑制干扰特征。

好的照明就是将特征与背景信息做到最佳、最稳当的分离。不可能有一种光源可以满足所有的检测需求。一定是根据检测需要来设计照明系统,当需求变化时,照明系统未必适用。如图 2-35 所示。

图 2-35 不同需求的照明系统对比图

 课后思考

(1) 典型的视觉系统包括哪些?

(2) 视觉系统的特点有哪些?

(3) 真彩色和伪彩色的定义有哪些?

(4) CCD 和 CMOS 的结构区别有哪些?

(5) MTF 的定义是什么?

(6) 视觉系统使用的光源主要有哪些?

(7) 打光的四大因素有哪些?

(9) 相机芯片为 6.4 mm×4.8 mm,使用 16 mm 镜头安装高度为 200 mm,如何计算视野?

(10) 使用 500 W 像素相机,分辨率为 2 500×2 000,视野为 100 mm×80 mm 单位个像素对应大小=0.04 mm,背光精度和正光精度为多少?

(11)(多选题)机器视觉镜头接口有哪些(   )

A. C 口镜头   B. D 口镜头   C. F 口镜头   D. S 口镜头

(12)(单选题)机器视觉相机感光芯片的靶面是哪个尺寸(   )

A. 感光芯片的对角线   B. 感光芯片的长边

C. 感光芯片的短边   D. 感光芯片的周长

3

工业视觉基本算法

在获取数字图像的过程中,会遇到来自成像系统、光照系统、空气等方面造成的各种干扰,形成噪声,噪声问题有时会导致被测物体的灰度值无法在图像的像素点上正确显示出来,造成信息不准确,因此需要对数字图像进行处理。本章将从图像存储形式、图像敏感区域、预处理、形态学等几个方面介绍工业视觉的软件处理技术。

3.1 图像内容数据类型

在计算机中,按照颜色和灰度的多少可以将图像分为 4 种基本类型。

1) 二值图像

一幅二值图像(见图 3-1)的二维矩阵仅由 0、1 两个值构成,"0"代表黑色,"1"代白色。由于每一像素(矩阵中每一元素)取值仅有 0、1 两种可能,所以计算机中二值图像的数据类型通常为二进制位。二值图像通常用于文字、线条图的光学字符识别(optical character recognition,OCR)和掩膜图像的存储。

 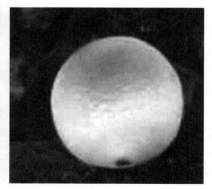

图 3-1 二值图像   图 3-2 灰度图像

2) 灰度图像

灰度图像矩阵元素的取值范围通常为[0,255]。因此其数据类型一般为 8 位无符号整型数的(int 8),这就是人们经常提到的 256 灰度图像。"0"表示纯黑色,"255"表示纯白色,中间的数字从小到大表示由黑到白的过渡色。在某些软件中,灰度图像也可以用双精度数据类型(double)表示,像素的值域为[0,1],0代表黑色,1代表白色,0到1之间的小数表示不同的灰度等级。二值图像可以看成是灰度图像的一个特例。灰度图像,如图3-2所示。

3)索引图像

索引图像(见图3-3)的文件结构比较复杂,除了存放图像的二维矩阵外,还包括一个称为颜色索引矩阵MAP的二维数组。MAP的大小由存放图像的矩阵元素值域决定,如矩阵元素值域为[0,255],则MAP矩阵的大小为256×3,用MAP=[RGB]表示。MAP中每一行的3个元素分别指定该行对应颜色的红、绿、蓝单色值,MAP中每一行对应图像矩阵像素的一个灰度值,如某一像素的灰度值为64,则该像素与MAP中的第64行建立了映射关系,该像素在屏幕上的实际颜色由第64行的[RGB]组合决定。也就是说,图像在屏幕上显示时,每一像素的颜色由存放在矩阵中该像素的灰度值作为索引,通过检索颜色索引矩阵MAP得到。索引图像的数据类型一般为8位无符号整型数(int 8),相应索引矩阵MAP的大小为256×3,因此一般索引图像只能同时显示256种颜色,但通过改变索引矩阵,颜色的类型可以调整。索引图像的数据类型也可采用双精度浮点型(double)。索引图像一般用于存放色彩要求比较简单的图像,如Windows中色彩构成比较简单的壁纸多采用索引图像存放,如果图像的色彩比较复杂,就要用到真彩色RGB图像。

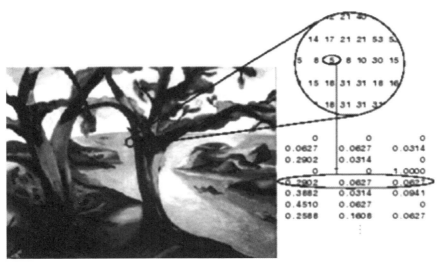

图3-3 索引图像

4)真彩色RGB图像

RGB图像(见图3-4)与索引图像一样都可以用来表示彩色图像。与索引图像一样,它分别用红(R)、绿(G)、蓝(B)三原色的组合来表示每个像素的颜色。但与索引图像不同的是,RGB图像每一个像素的颜色值(由RGB三原色表示)直接存放在图像矩阵中,由于每一像素的颜色需由R、G、B 3个分量来表示,M、N分别表示图像的行列数,3个$M \times N$的二维矩阵分别表示各个像素的R、G、B 3个颜色分量。RGB图像的数据类型一般为8位无符号整型,通常用于表示和存放真彩色图像,当然也可以存放灰度图像。

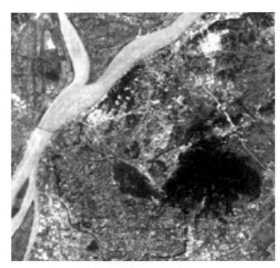

图 3 - 4　RGB 图像

3.2　图像采集

图像信息是人类获取的最重要的信息之一,图像采集在数字图像处理、图像识别等领域应用十分广泛。实时图像的采集和处理在现代多媒体技术中占有重要的地位。日常生活中所见到的数码相机、可视电话、多媒体 IP 电话和电话会议等产品,实时图像采集是其中的核心技术。图像采集的速度、质量直接影响产品的整体效果。

目前,传统的图像采集是采用图像采集卡或视霸卡将电荷耦合器件(charge coupled device,CCD)摄像机的模拟视频信号经 A/D 后存储,然后送计算机进行处理。这种方法使用较普遍,技术比较成熟,但也存在一些问题。首先,CCD 摄像机的输出已转换为模拟的 NTSC 或 PAL 制式,并以 S - Video 或混合视频信号方式输出,这样采集卡的采样点在输出时序上很难与摄像机的像素点一一对应,造成数字化后的视频图像质量损失较大,图像分辨率也受到限制。其次,这种方法的硬件电路复杂、成本较高,不利于推广和普及使用。

常用的图像传感器主要有 CCD 和 CMOS(互补金属氧化物半导体)两种。目前市场上,CCD 仍占据主要地位,而随着技术的发展,CMOS 传感器也得到了广泛的应用。CCD 的优点是灵敏度高、像素小、读取噪声低、动态范围大,因此在固体成像领域中占据主要地位。它的缺点是不能将图像传感阵列和控制电路集成在同一芯片内,还需要外加脉冲驱动电路,信号放大,A/D 转换等辅助电路,造成系统结构复杂,成本较高;而 CMOS 传感器则具有较小的几何尺寸,分辨率也逐渐接近 CCD 的水平,最重要的是 CMOS 传感器的制造技术与 CMOS 工艺兼容,每个像素传感单元都有自己的缓冲放大器,可以非常方便地将 AD 转换器等辅助电路集成到芯片内部,其外围电路简单,功耗低,编程也很方便,很容易实现对帧频、曝光时间、图像尺寸等的控制,为视频图像采集提供了一种低成本高品质的解决方式。

在实际应用中,图像尺寸总是有限的。在考虑一张长方形的图像,它的边长和宽分别为

W 和 H,经过 Fourier 变换可以得出图像关于所有频率的值,进而对图像重建。经过周期延拓得到周期图像,周期图像的 Fourier 变换结果是离散的。当图像被离散后,就可以利用采样定理采集离散图像。对于一个频带宽度有限的函数,其矩形格栅上的采样点将唯一确定下来。当然采样过程会造成信息丢失,从而使原来函数无法被复原出来。

事实上,将图像传感器的基本图像单元(即像素点)设计为一个面积有限的小区域,然后再使用该图像传感器来对图像进行采样。一方面,采样定理所允许的最高频率为 2 倍,传感器之间的间隔应该和光学单元的分辨率相匹配,如果传感器之间的间隔太远,将会违背采样定理;另一方面,如果把它们放得太近,又是一种浪费。对于人类的视觉系统,在分辨率和传感器间隔之间,似乎有一种合理的匹配。

3.3　图像与 ROI

图像是人类视觉的基础,是自然景物的客观反映,是人类认识世界和人类本身的重要源泉。"图"是物体反射或透射光的分布,"像"是人的视觉系统所接受的图在人脑中所形成的印象或认识,照片、绘画、剪贴画、地图、书法作品、手写汉字、传真、卫星云图、影视画面、X 光片、脑电图、心电图等都是图像。图像是客观对象的一种相似性的、生动性的描述与写真,是人类社会活动中最常用的信息载体,包含了被描述对象的有关信息,是人们最主要的信息源。

根据图像记录方式的不同可分为模拟图像和数字图像两大类。模拟图像可以通过某种物理量的强弱变化来记录图像亮度信息,比如模拟电视图像;数字图像则是按实际存储的数据来记录图像上各点的亮度信息,大多数的图像是以数字形式存储。传统的一维信号处理的方法和概念很多仍然可以直接应用在图像处理上,比如降噪、量化等,然而,图像属于二维信号,和一维信号相比,它有自己特殊的一面,处理方式和角度也有所不同。

图像用数字任意描述像素点、强度和颜色。描述信息文件储存量较大,所描述对象在缩放过程中会损失细节或产生锯齿。在显示方面它是将对象以一定的分辨率分辨后将每个点的色彩信息以数字化方式呈现,可直接快速显示在屏幕上。分辨率和灰度是影响显示的主要参数。计算机中的图像从处理方式上可以分为位图和矢量图。

由于图形只保存算法和相关控制点,因此图形文件所占用的存储空间一般较小,但在进行屏幕显示时,由于需要扫描转换的计算过程,因此显示速度相对于图像来说略显慢一些,但输出质量较好。在当前领域最为常用的图像处理软件是 Adobe 公司的 Photoshop 软件,该软件广泛地应用于各领域的图像处理工作中,几乎占据了计算机图像处理软件的统治地位。

图像是由一系列排列有序的像素组成的。常用的图像文件存储格式,包括:**CDR 格式**,该格式是 CorelDraw 软件专用的一种图像文件存储格式;**AI 格式**,该格式是 Illustrator 软件专用的一种图像文件存储格式;**DXF 格式**,是 AutoCAD 软件的图像文件格式,该格式以 ASCⅡ方式存储图像,可以被 CorelDraw、3Dmax 等软件调用和编辑;**EPS 格式**,该格式是一种通用格式,可用于矢量图形、像素图像以及文本的编码,即在一个文件中同时记录图形、图像与文字。

在计算机中常用的存储格式有：BMP、TIFF、EPS、JPEG、GIF、PSD、PDF 等格式。其中：**BMP 格式**，是 Windows 中的标准图像文件格式，它以独立于设备的方法描述位图，各种常用的图形图像软件都可以对该格式的图像文件进行编辑和处理。**TIFF 格式**，该格式是常用的位图图像格式，TIFF 位图可具有任何大小的尺寸和分辨率，用于打印、印刷输出的图像建议存储为该格式。**JPEG 格式**，是一种高效的压缩格式，可对图像进行大幅度的压缩，最大限度地节约网络资源，提高传输速度，因此用于网络传输的图像，一般存储为该格式。**GIF 格式**，该格式可在各种图像处理软件中通用，是经过压缩的文件格式，因此一般占用空间较小，适合于网络传输，一般常用于存储动画效果图片。**PSD 格式**，该格式是 Photoshop 软件中使用的一种标准图像文件格式，可以保留图像的图层、通道、路径等信息，便于后续修改和特效制作，是目前唯一能够支持全部图像色彩模式的格式。一般在 Photoshop 中制作和处理的图像建议存储为该格式，以最大限度地保存数据信息，待完成后再转换成其他图像文件格式，进行后续的排版、拼版和输出工作。**PDF 格式**，又称可移植（或可携带）文件格式，具有跨平台的特性，并包括对专业的制版和印刷生产有效的控制信息，可以作为印前领域通用的文件格式。

为了进行图像处理，需要估计出要被复原出来图像的功率谱。在一些经典图像的频谱中，会发现其能量集中在低频部分。了解图像的频域衰减性质很有用，因为它能将所需信号从噪声中分离出来。注意噪声的频谱是平的。随着频率的增加，自然图像的相应频率成分的能量不断衰减。许多物体具有近似一致的高度，只有沿着边缘，亮度才会出现明显的不连续变化，最终这些边缘将图像分割为许多小区域。对于包含多边形和圆的图像，其功率谱衰减为频率的某一幂函数。受到光学系统分辨率的制约，在真实图像中，高频分量会得到更快的衰减。例如望远镜存在一个绝对截止频率，这个频率取决于孔径直径与光的波长的比值。高于这个绝对截止频率的频谱成分是无法通过望远镜传播过来的。显微镜也存在一个类似的频率极限，这个极限取决于观测物体的大小和光的波长。

图像的绝大部分能力集中于低频分量这个现象，用于图像的生成。图像显示仪器都有一个有限的动态范围，它们只显示有限范围内的灰度值。在机器视觉、图像处理中，从被处理的图像以方框、圆、椭圆、不规则多边形等方式勾勒出需要处理的区域，称为感兴趣区域（region of interest，ROI）。在 Halcon、OpenCV、Matlab 等机器视觉软件上常用各种算子（operator）和函数来求得感兴趣区域 ROI，并进行图像的下一步处理。

在图像处理领域，感兴趣区域（ROI）是从图像中选择的一个图像区域，这个区域是你的图像分析所关注的重点。圈定该区域以便进一步处理。使用 ROI 圈定所要的目标，可以减少处理时间，增加精度。

3.4 预处理与形态学

3.4.1 预处理

预处理是将每一个文字图像分检出来交给识别模块识别，这一过程称为图像预处理。在图像分析中，对输入图像进行特征抽取、分割和匹配前所进行的处理。

图像预处理的主要目的是消除图像中无关的信息，恢复有用的真实信息，增强有关信息的可检测灰度级变换(点运算)的定义。

对于输入图像 $f(x, y)$,灰度级变换 T 将产生一个输出图像 $g(x, y)$,且 $g(x, y)$ 的每一个像素值都是由 $f(x, y)$ 的对应输入像素点的值决定的,$g(x, y) = T(f(x, y))$。

对于原图像 $f(x, y)$ 和灰度值变换函数 $T(f(x, y))$,由于灰度值总是有限个(如 $0 \sim 255$),非几何变换可定义为 $R = T(r)$,其中 R、$r(0, 255)$。

实现灰度级变换(点运算)。$R = T(r)$ 定义了输入像素值与输出像素之间的映射关系,通常通过查表来实现。性和最大限度地简化数据,从而改进特征抽取、图像分割、匹配和识别的可靠性。对图像进行数字化时,利用直方图可以检查输入图像的灰度值在可利用的灰度范围内分配得是否适当;在医学方面,为了改善 X 射线操作人员的工作条件,可采用低辐射 X 射线曝光,但这样获得的 X 光片灰度级集中在暗区,会使某些图像细节无法看清,导致判读困难。通过直方图修正使灰度级分布在人眼合适的亮度区域,便可使 X 光片中的细节清晰可见。

可以根据直方图确定二值化的阈值;当物体部分的灰度值比其他部分的灰度值大时,可以用直方图求出物体的面积(实际上是像素数=灰度大于和等于 q 的像素的总和);利用色彩直方图可以进行基于颜色的图像分割。

在图像处理中,将图像分割为一些区域,每一个区域可能对应于场景中的某一个物体的表面。针对各个图像区域,可以做进一步的处理。到目前为止,只考虑极其简单的情况,物体和背景都具有一致的亮度。当要对其进行扩展时,又要考虑物体之间亮度并不相同。

图像中每一个区域的灰度平均值,可以选择介于灰度平均值之间的数来作为阈值,从而对每一个图像单元进行分类。有时通过分析统计直方图,也可以得到所需要的阈值。但是统计直方图通常会零碎,因为和图像中只含有背景和一个物体的情况比起来,当场景中包含多个物体时,在统计直方图中,每一个"峰值"所对应的像素点的数目要少得多,且这些"峰值"之间更容易发生相互覆盖。

另一种提高分类效果的方法是使用颜色信息。即使是对于那些在使用单个图像传感器时,具有相似灰度值的物体表面,它们的颜色仍然有可能是不同的,利用颜色信息的一个方法是使用多个具有不同光谱响应的图像传感器来生成多张图像,在镜头前面放置滤光镜来达到这个目的。由于滤光镜对频谱成分进行选择性吸收从而改变了传感器对不同波长的光的固有响应。

平滑是指用于突出图像的宽大区域、低频成分、主干部分或抑制图像噪声和干扰高频成分的图像处理方法,目的是使图像亮度平缓渐变,减小突变梯度,改善图像质量。图像平滑的方法包括插值方法、线性平滑方法、卷积法等,处理方法根据图像噪声的不同进行平滑,比如椒盐噪声,采用线性平滑方法。

3.4.2 中值滤波

一般的中值滤波(median filtering)与加权平均方式的平滑滤波不同,中值滤波是将邻域中的像素按灰度级排序,取其中间值为输出像素。中值滤波可以保护图像边界,中值滤波窗口越大,滤波作用越强,但会丢失细节。

中值滤波是一种非线性滤波,适用于滤除脉冲噪声或颗粒噪声,并能保护图像边缘。这里以一维中值滤波为例:一维中值滤波是用一个含有奇数点的一维滑动窗口,将窗口正中的那点值用窗口内各点按大小排列的中值代替。假设窗口长为5点,其中的值为(80,90,200,110,120),那么此窗口内的中值即为110。

3.4.3　边缘检测

边缘是指图像中灰度发生急剧变化的区域边界,边缘检测的实质是采用某种算法提取出图像中对象与背景间的交界线。对于一幅图像可以利用灰度分布的梯度反映其灰度变化情况,故而可以通过局部图像微分技术获得边缘检测算子,经典的边缘检测方法是对原始图像中像素的某小邻域构建检测算子。目前比较常用的边缘检测方法有Roberts边缘检测算子、Sobel边缘检测算子、Prewitt边缘检测算子、Laplace边缘检测算子、Canny算子和LOG算子等。

Roberts边缘检测算子对具有陡峭低噪声的图像检测效果最好,采用对角线方向相邻两像素之差近似梯度幅值的方法来检测图像的边缘,对水平和垂直边缘定位精确高,但是对噪声十分敏感。

Sobel边缘检测算子通过判断中心像素点相邻的上下左右像素的加权差是否为极值来确定边缘。算子的重点是接近模板中心的像素点,对噪声均匀分布的图像效果较好,空间上Sobel算子很容易实现,既能得到较好的边缘检测效果,受噪声的影响也比较小,抗噪声性能随着邻域的扩大而提高,但增加了计算量,且检出的边缘也较粗,边缘定位精度不高。当噪声靠近边缘点时,用Prewitt算子能取得更好的效果,这是因为Prewitt算子并没有把重点放在接近模板中心的像素点。Prewitt算子和Sobel算子都是一阶微分算子,前者用的是平滑滤波,后者用的加权平均滤波。这两者对灰度渐变的低噪声图像有较好的检测结果,但对于混合多复杂噪声的图像,处理效果不太理想。

Laplace边缘检测算子是无方向性的算子,较前述的算子计算量小,但对图像中的噪声相当敏感,它常产生双像素宽的边缘,不能提供边缘的方向信息,所以一般该算子很少直接应用于边缘检测。Marr和Hildreth将高斯滤波器和拉普拉斯边缘检测结合在一起,得出了LOG算子。LOG算子先对待检测的图像进行平滑滤波,平滑函数采用带有正态分布的高斯函数$G(x,y,\sigma)$,σ越大,平滑作用越显著,去除噪声效果越好,但是图像细节部分损失也就越大,直接导致边缘模糊化,边缘检测定位精度降低,因此在选择σ时,要综合考虑噪声水平和边缘点定位精度。

Canny算子在抗噪声干扰和精确定位之间进行了平衡,算子首先使用高斯滤波器对噪声进行抑制,消除了部分噪声对边缘轮廓的影响,然后对平滑后的图像进行梯度求解,找到梯度的局部最大值点,把其他非局部极大值点置零,降低边缘检测算子重复响应造成的影响,细化获取的边缘,然后用双阈值算法检测并连接检测到的边缘,从而降低了因抑制噪声过度造成的真实边缘信息丢失的影响。

不同边缘检测算子都有各自的优点,各类算子参数的设定也会影响到边缘定位能力和噪声抑制能力,在使用过程中根据应用领域及目的来选择边缘检测算子。

3.4.4　形态学

形态学是图像处理中应用最为广泛的技术之一,主要用于从图像中提取对表达和描绘区域形状有意义的图像分量,使后续的识别工作能够抓住目标对象最为本质、最具区分能力(most discriminative)的形状特征,如边界和连通区域等。还有,像细化、像素化和修剪毛刺等技术也常应用于图像的预处理和后处理中,成为图像增强技术的有力补充。

图像形态学即数学形态学(mathematical morphology)是一门建立在格伦和拓扑学基础上的图像分析学科,是数学形态学图像处理的基本理论;常见图像形态学运算:腐蚀、膨胀、开运算、闭运算、骨架抽取、极线腐蚀、击中击不中变换、Top-hat变换、颗粒分析、流域变换、形态学梯度等;最基本的形态学操作是膨胀(dilation)和腐蚀(erosion)。

膨胀和腐蚀的主要用途是:

(1)消除噪声。

(2)分割出独立的图像元素,在图像中连接相邻的元素。

(3)寻找图像中明显的极大值或极小值区。

(4)求出图像的梯度。

腐蚀和膨胀是对像素值大的部分而言的,即高亮白部分而不是黑色部分;膨胀是图像中的高亮部分进行膨胀,领域扩张,效果图拥有比原图更大的高亮区域;腐蚀是图像中的高亮部分被腐蚀掉,领域缩减,效果图拥有比原图更小的高亮区域。

1)膨胀

膨胀是 A 以得到 B 的相对于它自身原点的映像并且由 Z 对应像进行移位为基础的。A 被 B 膨胀是所有像素的集合 Z,这样和 A 至少有一个元素是重叠的。

结构元素 B 可以看作是一个卷积模板,区别在于膨胀是以集合运算为基础的,卷积是以算术运算为基础的,但两者的处理过程是相似的。

(1)用结构元素 B 扫描图像 A 的每一个像素。

(2)用结构元素与其覆盖的二值图像做"与"操作。

(3)如果都为 0,则图像的该像素为 0,否则为 1。

2)腐蚀

对 Z 中的集合 A 和 B,B 对 A 进行腐蚀的整个过程如下:

(1)用结构元素 B,扫描图像 A 的每一个像素。

(2)用结构元素与其覆盖的二值图像做"与"操作。

(3)如果都为 1,则图像的该像素为 1,否则为 0。腐蚀处理的结果是使原来的二值图像减小一圈。

(4)击中(匹配)或击不中变换。

3)求局部最大值

第一步:定义一个卷积核 B,核可以是任何的形状和大小,且拥有一个单独定义出来的参考点-锚点(anchorpoint);通常和为带参考点的正方形或者圆盘,将核称为模板或掩膜;

第二步:将核 B 与图像 A 进行卷积,计算核 B 覆盖区域的像素点最大值;

第三步:将这个最大值赋值给参考点指定的像素。

因此,图像中的高亮区域逐渐增长(见图 3-5)。

4)腐蚀原理

腐蚀:局部最小值(与膨胀相反)。

第一步:定义一个卷积核 B;

核可以是任何的形状和大小,且拥有一个单独定义出来的参考点-锚点(anchorpoint);

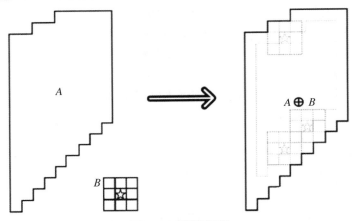

图 3 - 5　膨胀运算

通常和为带参考点的正方形或者圆盘,可将核称为模板或掩膜;

第二步:将核 B 与图像 A 进行卷积,计算核 B 覆盖区域的像素点最小值;

第三步:这个最小值赋值给参考点指定的像素。

因此,图像中的高亮区域逐渐减小(见图 3 - 6)。

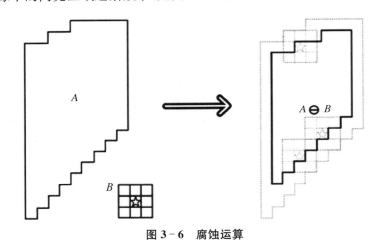

图 3 - 6　腐蚀运算

5) OpenCV 中膨胀函数- dilate()

```
void dilate(
InputArray src,//输入
OutputArray dst,//输出
InputArray kernel,//核大小
Point anchor=Point(-1,-1),//锚位置,(-1,-1)为中心
int iterations=1,//迭代次数
int borderType=BORDER_CONSTANT,//图像边界像素模式
const Scalar& borderValue=morphologyDefaultBorderValue()//边界值
)
```

应注意的是：

关于核，一般配合 getStructuringElement( )使用。

getStructuringElement( )：返回指定形状和尺寸的结构元素。

格式：

getStructuringElement(int shape，Size ksize，Point anchor＝Point(－1,－1))。

参数：shape：表核的形状，矩形 MORPH_RECT；交叉形 MORPH_CROSS；椭圆形 MORPH_ELLIPSE。

ksize：核尺寸大小。

anchor：锚点的位置，锚点只影响形态学运算结果的偏移(见图 3－7)。

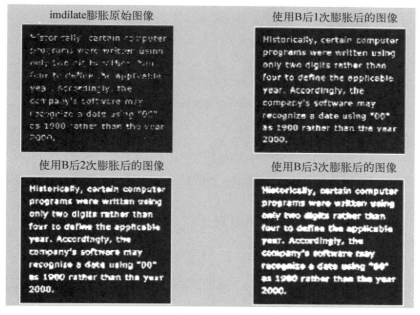

图 3－7　形态学运算结果对比图

6）OpenCV 中腐蚀函数－erode( )

格式：

void erode(

InputArray src，//输入

OutputArray dst，//输出

InputArray kernel，//核大小

Point anchor＝Point(－1,－1)，//锚位置，(－1,－1)为中心

int iterations＝1，//迭代次数

int borderType＝BORDER_CONSTANT，//图像边界像素模式

const Scalar& borderValue＝morphologyDefaultBorderValue( )//边界值

)

操作案例如图 3－8 所示。

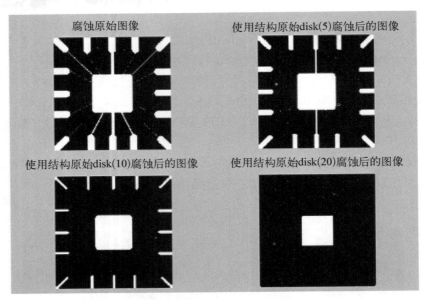

图3-8 腐蚀运算对比图

7）形态学开运算

开运算（open operation）：先腐蚀后膨胀的过程。

功能：消除小物体；在纤细处分离物体；平滑较大的边界并不明显改变其面积。

8）形态学闭运算

闭运算（closing openration），先膨胀后腐蚀。

功能：排除小型黑洞（黑斑）。

OpenCV：morphologyEx()

功能：morphologyEx 函数利用基本的膨胀和腐蚀技术，来执行更加高级形态学变换，如开闭运算，形态学梯度，"顶帽""黑帽"等。

void morphologyEx(

InputArray src，//

OutputArray dst，//

int op,//形态学运算的类型

InputArraykernel，

Pointanchor＝Point(－1，－1)，

intiterations＝1，

intborderType＝BORDER_CONSTANT，

constScalar& borderValue＝morphologyDefaultBorderValue())；

应注意的是：

int op：表示形态学运算的类型；

MORPH_OPEN：开运算（opening operation）；

MORPH_CLOSE：闭运算（closing operation）；

MORPH_GRADIENT：形态学梯度（morphological gradient）；

MORPH_TOPHAT："顶帽"（"top hat"）；

MORPH_BLACKHAT："黑帽"（"black hat"）。

示例程序：

```
# include "cv.h"
# include "highgui.h"
using namespace cv;
int main(int argc, char * argv [])
{
        Mat src = imread("misaka.jpg");
        Mat dst;

        //输入图像
        //输出图像
        //单元大小,这里是 5 * 5 的 8 位单元
        //腐蚀位置,为负值取核中心
        //腐蚀次数两次
        erode(src,dst,Mat(5,5,CV_8U),Point(-1,-1),2);
    imwrite("erode.jpg",dst);
        //输入图像
        //输出图像
        //单元大小,这里是 5 * 5 的 8 位单元
        //膨胀位置,为负值取核中心
        //膨胀次数两次
        dilate(src,dst,Mat(5,5,CV_8U),Point(-1,-1),2);
    imwrite("dilate.jpg",dst);
        //输入图像
        //输出图像
        //定义操作:MORPH_OPEN 为开操作,MORPH_CLOSE 为闭操作
        //单元大小,这里是 3 * 3 的 8 位单元
        //开闭操作位置
        //开闭操作次数
        morphologyEx(src,dst,MORPH_OPEN,Mat(3,3,CV_8U),Point(-1,
-1),1);
    imwrite("open.jpg",dst);
        morphologyEx(src,dst,MORPH_CLOSE,Mat(3,3,CV_8U),Point(-1,
-1),1);
    imwrite("close.jpg",dst);
```

```
//定义核
//Mat element = getStructuringElement(MORPH_RECT, Size(15, 15));
//进行形态学操作
//morphologyEx(image,image, MORPH_CLOSE, element);
imshow("dst",dst);
waitKey();
return 0;
}
```

程序运行示例如3－9所示。

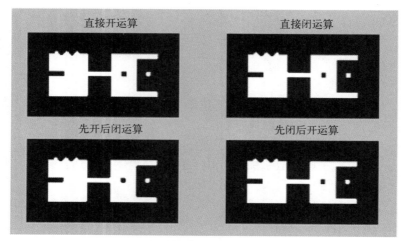

图 3－9　形态学处理结果对比图

3.5　BLOB

BLOB（binary large object），二进制大对象，是一个可以存储二进制文件的容器。在计算机中，BLOB常常是数据库中用来存储二进制文件的字段类型。BLOB是一个大文件，典型的BLOB是一张图片或一个声音文件，由于它们的尺寸，必须使用特殊的方式来处理（例如，上传、下载或者存放到一个数据库）。

根据Eric Raymond的说法，处理BLOB的主要思想就是让文件处理器（如数据库管理器）不去理会文件是什么，而是关心如何去处理它。但也有专家强调，这种处理大数据对象的方法是把双刃剑，它有可能引发一些问题，如存储的二进制文件过大，会使数据库的性能下降。在数据库中存放体积较大的多媒体对象就是应用程序处理BLOB的典型例子。

（1）BLOB检测是将预处理后得到的处理图像，根据需求，在纯色背景下检测杂质色斑，并且要计算出色斑的面积，以确定是否在检测范围之内。因此图像处理软件要具有分离目标，检测目标，并且计算出其面积的功能。

（2）Blob分析（Blob analysis）是对图像中相同像素的连通域进行分析，该连通域称为

Blob。经二值化(binary thresholding)处理后的图像中色斑可认为是 Blob。Blob 分析工具可以从背景中分离出目标,并可计算出目标的数量、位置、形状、方向和大小,还可以提供相关斑点间的拓扑结构关系。根据这些信息可对目标进行识别。在某些应用中不仅需要平面的形状特征,还要利用 Blob 分析之间的特征关系。Blob 分析的主要内容包括图像分割、去噪、场景描述、特征量计算等。其中在像分割中,Blob 分析实际上是对闭合形状进行特征分析。在 Blob 分析之前,必须将图像分割为目标和背景。图像分割是图像处理的一大类技术,在 Blob 分析中可以提供分割技术包括:直接输入、固定硬阈值、相对硬阈值、动态硬阈值、固定软阈值、相对软阈值、像素映射、阈值图像。其中固定软阈值和相对软阈值方法可在一定程度上消除空间量化误差,从而提高目标特征的计算精度。在机器视觉应用中,Blob 分析在二维目标图像、高对比度图像、存在/缺席检测、数值范围和旋转不变性需求。

3.6　仿射变换

仿射变换,又称为仿射映射,是指在几何中,一个向量空间进行一次线性变换并接上一个平移,变换为另一个向量空间。变换模型是指根据待匹配图像与背景图像之间几何畸变的情况,所选择的能最佳拟合两幅图像之间变化的几何变换模型。可采用的变换模型有如下几种:刚性变换、仿射变换、透视变换和非线性变换等(见图 3 - 10)。

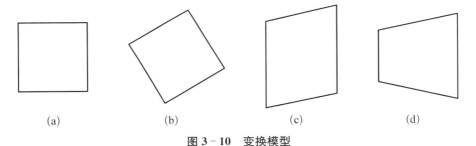

（a）　　　　　　　　（b）　　　　　　　　（c）　　　　　　　　（d）

图 3 - 10　变换模型
（a）原图像；（b）刚体交换；（c）仿射变换；（d）投影变换

仿射变换是在几何上定义为两个向量空间之间的一个仿射变换或者仿射映射(见图 3 - 11),由一个非奇异的线性变换(运用一次函数进行的变换)接上一个平移变换组成。在有限维的情况,每个仿射变换可以由一个矩阵 A 和一个向量 b 给出,它可以写作 A 和一个附加的列 b。一个仿射变换对应于一个矩阵和一个向量的乘法,而仿射变换的复合对应于普通的矩阵乘法,只要加入一个额外的行到矩阵的底下,这一行全部是 0 除了最右边是一个 1,而列向量的底下要加上一个 1。

一个对向量 x 平移 b,与旋转放大缩小 A 的仿射映射为 $y = Ax + b$,上式在齐次坐标上,等价于式子 $\begin{bmatrix} y \\ 1 \end{bmatrix} = \begin{bmatrix} A & b \\ 0 & 1 \end{bmatrix} \begin{bmatrix} x \\ 1 \end{bmatrix}$。

在分形的研究里,收缩平移仿射映射可以制造具有自相似性的分形。

一个在两个仿射空间之间的仿射变换,是在向量上呈现线性之坐标点的变换(即为空间

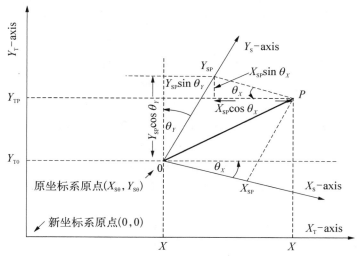

图 3－11　仿射变换计算

中点与点之间的向量）。以符号表示的话，f' 使得 ϕ，决定任一对点的线性变换：P，$Q \in A$：$f(P)f(Q) = \phi(PQ)$ 或者是 $f(Q) - f(P) = \phi(Q - P)$。

给定同一场中的两个仿射空间 A 与 B，则函数 $f: A \to B$ 为一仿射映射当且仅当对任一加权点的集合 $\{(a_i, \lambda_i)\}_{i \in I} of\ weighted\ point\ sinA$。

$$f\left(\sum_{i \in I} \lambda_i a_i\right) = \sum_{i \in I} \lambda_i f(a_i)$$，此定义等价于 f 保留了质心。

如上所示，仿射变换为两函数的复合：平移及线性映射。普通向量代数用矩阵乘法呈现线性映射，用向量加法表示平移。正式言之，于有限维度之例中，假如该线性映射被表示为一矩阵"A"，平移被表示为向量 b，一仿射映射 f 可表示为 $y = f(x) = Ax + b$。

 课后思考

（1）图像的四种基本类型有哪些？

（2）图形格式有哪些？举出 5 种常用的格式图像。

（3）形态学和预处理的简要定义。

（4）膨胀和腐蚀的用途是什么？

（5）图像采集系统包含哪几部分，各部分的作用是什么？

（6）仿射变换主要用于处理哪些问题？

机器视觉系统组成

本章以某公司的 X‑SIGHT 高性能一体式机器视觉为例，包括 SV4/SV5 系列相机、多种类工业镜头、各种光源、智能终端、光源控制器等全套产品。更多关于该机器视觉产品的信息，可访问网站 www.x‑sight.com.cn。

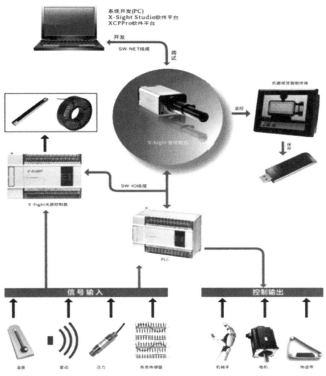

图 4‑1　机器视觉系统组成

4.1　视觉系统硬件介绍

X‑SIGHT 机器视觉系统由智能相机、光源控制器、光源、镜头等硬件组成，还有通信线缆等。信捷的 X 系列相机为智能化一体相机,通过内含的 CMOS 传感器采集高质量现场图像,内嵌数字图像处理(DSP)芯片,能脱离 PC 机对图像进行运算处理,PLC 在接收到相机的图像处理结果后,进行动作输出,相机外形尺寸如图 4 - 2 所示。

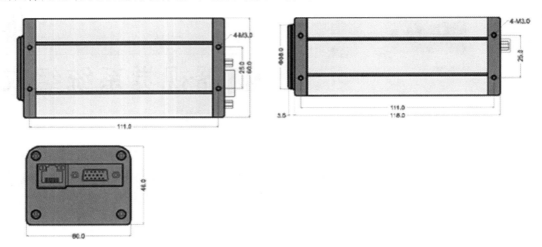

图 4 - 2　相机尺寸结构

1)性能指标

图像接收元件:1/3 in 灰 COMS　　　　　分辨率:64×480

镜头安装方式:C　　　　　　　　　　　安装色彩:256 色灰度

最快采集速率:60 帧/s　　　　　　　　最快处理速率:60 帧/s

输入口:2 个输出口:5 个

以太网通信速率:100 Mbps　　　　　　串行口 RS - 485 波特率:38 400

重量:约 200 克(不含镜头)

SV 系列相机型号构成:

$$\underset{1}{\underline{SV4-}}\quad\underset{2}{\underline{\square\square\square}}\quad\underset{3}{\underline{\bigcirc}}$$

1—系列名称　SV4;2—像素(W)　30、120、500;3—色彩模式　M(黑白)、C(彩色)

2)连接端口与电缆

相机有两个接口,分别为 RJ45 网口与 DB15 串口,连接时,用交叉网线连接相机与电脑,用 SW - IO 串口线连接相机与电源控制器,图 4 - 3 为串口线图例与串口各针脚的定义图。

3)数字输入

相机数字输入电气原理,如图 4 - 4 所示。

4)数字输出

相机数字输出电气原理如图 4 - 5 所示。

相机支持的通信方式包括:RS - 485、100 M 以太网。相机通过 RS - 485 串口可以与所有支持 MODBUS 通信协议的 RS - 485 设备通信,通过 100 M 以太网可以与所有支持 MODBUS - TCP 通信协议的 100 - M 以太网设备通信。

SW-IO电缆 DB-15针脚定义图

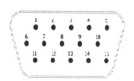

1·X0······黑色 6·X1···绿色 11·24V·粉红色
2·Y2·····土黄色 7·Y1···蓝色 12·24V·青色
3·Y3·····红色 8·Y0···紫色 13·24V·浅蓝色
4·RS485-A·橙色 9·Y4···灰色 14·GND·黑白
5·GND·····黄色 10·RS495-B白色 15·GND·蓝白

图4-3 串口线图例与串口各针脚的定义图

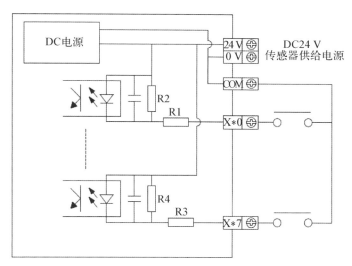

图4-4 相机数字输入电气原理

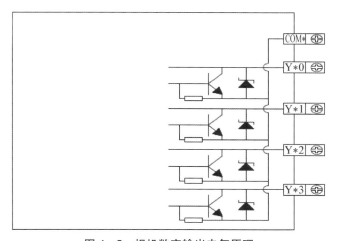

图4-5 相机数字输出电气原理

5）光源控制器

光源控制器分为 SIC‐242 及 SIC‐122 两种型号，内置两路可控光源输出，两路相机触发端，及 5 路相机数据输出端，AB 端子为 RS485 通信端口，两路光源手动调节开关，预留 7 路站号选择，光源控制器结构，如图 4‐6 所示。

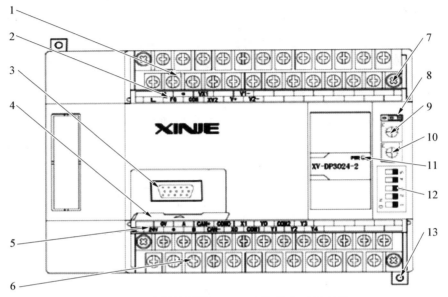

图 4‐6　光源控制器 SIC‐242 和 SIC‐122 结构

1—光源控制端子牌；2—光源控制端子标签；3—相机连接串口；4—串口盖板；5—相机输出/输入端子标签；6—相机输出/输入端子排；7—端子台安装/拆卸螺丝；8—光源控制模式转换开关；9—光源亮度手动调节；10—光源亮度手动调节；11—电源指示灯；12—通信波特率/站号拨码开关；13—安装孔（2 个）

6）镜头

镜头是机器视觉系统中的重要组件，对成像质量有着关键性的作用，它对成像质量的几个最主要指标都有影响，包括分辨率、对比度、景深及各种像差。可以说，镜头在机器视觉系统中起到了关键性的作用。

工业镜头的选择一定要慎重，因为镜头的分辨率直接影响成像的质量。选购镜头首先要了解镜头的相关参数：分辨率、焦距、光圈大小、敏锐度、景深、有效像场、接口形式等。

镜头分类如下：

（1）根据有效像场的大小划分：1/3 in 摄像镜头、1/2 in 摄像镜头、2/3 in 摄像镜头、1 in 摄像镜头，还有许多情况下会使用电影摄影及照相镜头，如 35 mm 电影摄影镜头、135 型摄影镜头、127 型摄影镜头、120 型摄影镜头，还有许多大型摄影镜头。

（2）根据焦距划分：分变焦镜头和定焦镜头。变焦镜头有不同的变焦范围；定焦镜头可分为鱼眼镜头、短焦镜头、标准镜头、长焦镜头、超长焦镜头等多种型号。

（3）根据镜头和摄像机之间的接口分类：工业摄像机常用的有 C 接口、CS 接口、F 接口、V 接口、T2 接口、M42 接口、M50 接口等。接口类型的不同和镜头性能及质量并无直接关系，只是接口方式的不同，一般也可以找到各种常用接口之间的转接口。

除了常规的镜头外,工业视觉检测系统中常用到的还有很多专用的镜头,如微距镜头、远距镜头、远心镜头、紫外镜头、显微镜头等。

镜头调节部位,如图4-7所示。

焦距:调节图像的清晰度

光圈:调节图像的亮暗

图4-7 镜头调节部位

7)光源

光源三基色为:红、绿、蓝。互补色为:黄和蓝、红和青、绿和品红。设计一套机器视觉系统时,光源选择优先,相似颜色(或色系)混合变亮,相反颜色混合变暗,如果采用单色LED照明,使用滤光片隔绝环境干扰,采用几何学原理来考虑样品、光源和相机位置,考虑光源形状和颜色以加强测量物体和背景的对比度。

8)智能终端

智能终端触摸屏,如图4-8所示。

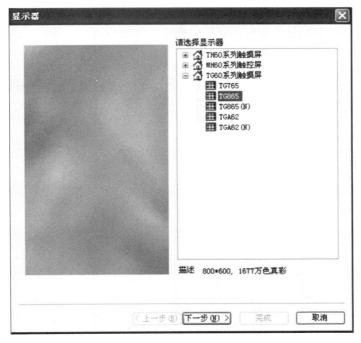

图4-8 智能终端

9）PLC 设置

PLC 设置如图 4-9 所示。也可在"文件"→"系统设置"→"设备"选项中修改。

(a)　　　　　　　　　　　　　　　　(b)

图 4-9　PLC 设置

10）以太网设置

以太网设置如图 4-10 所示。也可在"文件"→"系统设置"→"设备"选项中修改。若找不到图标则在菜单栏工具选项中修改用户模式，选择"工具"→"选项"→"用户模式"选项即可转到高级模式。选中视觉图标后在窗口中拖动一个框后双击设置，如图 4-11 所示。

画面设置：

(a)　　　　　　　　　　　　　　　　(b)

视觉图标

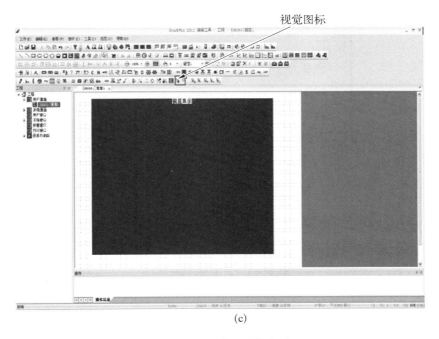

(c)

图 4 - 10　以太网设置(一)

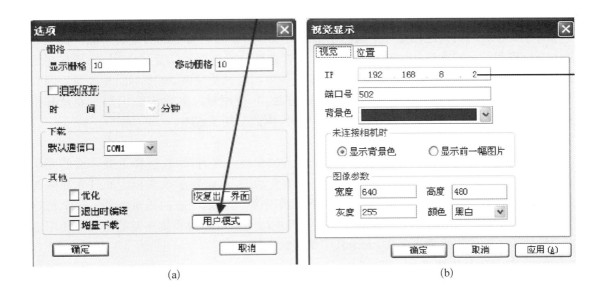

(a)　　　　　　　　　　　　　　(b)

(c)

图 4 - 11　以太网设置(二)

4.2　视觉系统的软件介绍

4.2.1　选择软件的 10 个标准

机器视觉软件众多,但选择哪款作为一个项目的开发平台,可以参考以下 10 个标准。

1) 定位器

对象或特征的精确定位是一个检测系统或由视觉引导的运动系统的重要功能。传统的物体定位采用的是灰度值相关来识别物体。尽管这种技术得到了广泛的应用,但是它在图像质量变差的情况下,就缺乏稳定性。图像质量变差可能是受凌乱、亮度不同和遮盖等因素的影响。相反,几何对象定位法是一种最新的方法,它使用对象的轮廓来识别对象及其特征。一个可靠的定位器可不需要夹具来定位零件,因此节约了成本。

2) 光学装置与照明

适当的光学装置和照明对视觉应用的成功至关重要。有时,尽管选择了最合适的光学装置和照明,但是,如果被监测的对象或特征稍微变动一下,就要求改变相应的灯光和照明亮度。例如,晶片的抛光表面的不同,在 OCR 应用中激光蚀刻标志的质量不同。一个稳定性好的定位工具可以处理由于光聚集和亮度不同的改变使得图像质量变差的情况。使用适当的软件能消除必要的调光操作,无论其图像质量如何改变。

3) 完整的工具集捆绑在一起

软件主要以两种典型的形式出售,一种是完整的视觉工具集;另一种是用于特定任务的工具的应用,如 BGA 检测。最终用户的应用将决定是使用一套完整的视觉工具集还是使用众多的特定的工具。视觉工具是一般的应用或算法,它能对图像或图像某个部分完成预定的任务。例如,一个斑点检测工具可以找出一组暗的或亮的像素,并测量这个斑点的各种尺寸。选择一款视觉系统,重点在于拥有一套完整的视觉工具集。虽然在做项目之初不需要所有的工具,但是有可能几年之后你的要求就会改变,对新的应用就可能需要另外的工具。

4)编程和操作方便

简洁、直观的图形界面是容易使用和设置的关键。当今机器视觉产品之间的主要区别在于它们的图形接口。接口应该从"设置"和"操作"这两方面来评价。对一个工程师来讲,它应该是非常复杂的,而对于一个操作者来说应是非常简单的。

5)亚像素精度

视觉系统的分辨率是系统能分辨的最小特征。例如,$1''$的视觉范围使用一个640×480像素的计算机图像将得到$1/640$的分辨率或$0.001\ 56''$。实际上,机器视觉算法具有亚像素的能力。也就是说,这些算法能够测量或得出比一个像素更小的单位。视觉工具的亚像素精度取决于图像的质量和算法的强大。

6)系统升级

当选择一个系统时应考虑系统将来的升级。数家供应商提供的通用视觉软件能为最终用户配置合适的照明、光学系统和视觉工具。专用软件包如 BGA 检测、OCR 等也可当作预先配置好的软件出售。基于通用目的的视觉软件系统更好升级。最终用户应该根据附加的摄像机、照明的变化以及视觉工具的变化等来考虑将来对系统的需求。例如,一个需要多摄像头的系统,就要对一个基于图像捕捉卡的系统与一个基于时髦摄像机的系统的价格和灵活性进行对比。

7)图像预处理

检测特征点和缺陷是非常的重要,不管亮度和对象表面或材料不同。图像预处理算法能把图像的特征点放大,以便视觉工具能更好地检测它们。同样,特征点也能被缩小,以至视觉工具可忽略它们。例如一些形态操作可用来去掉或填充对象中的小孔,在稀疏的点处分开对象或连接相邻的对象。与此相似,滤波操作可用于输入图像的卷积。可得到如此广泛的预处理算法是复杂的视觉应用成功的关键。

8)视觉引导运动

如果你的应用需要一个视觉系统来引导机器人,那么必须知道视觉系统与运动系统是如何集成的。对于校准和操作,没集成的运动系统与视觉系统是初步的系统,机械人或机构和视觉系统是分开校准的。在操作中,一台独立的视觉系统根据在视觉坐标系统中的已知位置计算出零件位置的偏移量,然后发指令给机器人的手臂在离初始化编程的拾取位置的偏移量处拾取零件。相反,一个集成系统包含了控制器,它能在一个坐标系统中校准视觉系统和机器人。零件定位然后可定义与在机器人编程相同的六自由度坐标空间。

9)系统集成

如果对机器视觉技术不是很精通,那么针对你的项目就需要一个系统集成商。理想的视觉产品能被系统集成商广泛接受。这对于需要运动和视觉的项目来说,是理想的资源。

10)工厂层链接

目前,有各种与视觉系统通信的方法,通用的接口如串口(RS - 232)、RS - 485、并口、Ethernet、Devicenet、数字 I/O 等。更新的接口如 IEEE - 1394 和 USB 也得到了广泛的应用。当评估视觉系统时,要考虑工厂层的可连接性。典型的机器视觉系统是一个与其他工厂层设备和工厂的信息系统接口的数据获取系统。一些供应商的软件能在局域网或因特网上对视觉系统进行远程操作。在特定行业,如药物,机器视觉系统对特定的应用要求是独立的,从而确保设置不受远程操作的干扰。当选择一款视觉系统时,视觉系统的通信接口是一个重要的考虑,不应该被忽视。

康耐视公司(Cognex)推出的 VisionPro 系统组合了世界一流的机器视觉技术,具有快速而强大的应用系统开发能力。VisionPro QuickStart 利用拖放工具,以加速应用原型的开发。这一成果在应用开发的整个周期内都可应用。通过使用基于 COM/ActiveX 的 VisionPro 机器视觉工具和 Visual Basic、Visual C++等图形化编程环境,开发应用系统。与 MVS-8100 系列图像采集卡相配合,VisionPro 使得制造商、系统集成商、工程师可以快速开发和配置出强大的机器视觉应用系统。

ALCON 是德国 MVtec 公司开发的一套完善的标准的机器视觉算法包,拥有应用广泛的机器视觉集成开发环境。它节约了产品成本,缩短了软件开发周期——HALCON 灵活的架构便于机器视觉医学图像和图像分析应用的快速开发。在欧洲以及日本的工业界已经是公认具有最佳效能的 Machine Vision 软件。

HALCON 源自学术界,它有别于市面一般的商用软件包。事实上,这是一套 image processing library,是由一千多个各自独立的函数以及底层的数据管理核心构成。其中包含了各类滤波,色彩以及几何、数学转换,形态学计算分析、校正、分类辨识、形状搜寻等基本的几何以及影像计算功能,由于这些功能大多并非针对特定工作设计的,因此只要用得到图像处理的地方,就可以用 HALCON 强大的计算分析能力来完成工作。应用范围几乎没有限制,涵盖医学、遥感探测、监控,以及工业上的各类自动化检测。

HALCON 支持 Windows、Linux 和 Mac OS X 操作环境,它保证了运行有效性。整个函数库可以用 C、C++、C♯、Visual basic 和 Delphi 等多种普通编程语言访问。HALCON 为大量的图像获取设备提供接口,保证了硬件的独立性。它为百余种工业相机和图像采集卡提供接口,包括 GenlCam、GigE 和 IIDC 1394。

HALCON 运行与硬件无关,支持大多数图像采集卡及带有 DirectShow 和 IEEE 1394 驱动的采集设备,可以用于许多工业行业,例如,宇宙航空和太空旅行;汽车零件制造;制陶业;电子元件和设备;玻璃制造和生产;生命健康和生命科学;精密工程和光学;保安监控及通信。

美国 NI 公司的应用软件 LabVIEW 机器视觉软件编程速度是最快的。LabVIEW 是基于程序代码的一种图形化编程语言。其提供了大量的图像预处理、图像分割、图像理解函数库和开发工具,用户只要在流程图中用图标连接器将所需要的子 VI(Virtual Instruments LabVIEW 开发程序)连接起来就可以完成目标任务。任何 1 个 VI 都由 3 部分组成:可交互的用户界面、流程图和图标连接器。LabVIEW 编程简单,而且对工件的正确识别率很高。

加拿大 MIL 软件包是一种硬件独立、有标准组件的 32 位图像库。它有一整套指令,针对图像的处理和特殊操作,包括斑痕分析、图像校准、口径测定、二维数据读写、测量、图案识别及光学符号识别操作。它也支持基本图形设备。MIL 能够处理二值、灰度或彩色图像。此软件包为应用的快速发展设计,便于使用。它有完全透明的管理系统,沿袭虚拟数据对象操作,而非物理数据对象操作,允许独立于平台的应用。这意味着一个 MIL 应用程序能够在不同环境(Win98/Me/NT/2000)中运行于任何 VESA-compatible VGA 板或 Matrox 图像板上。MIL 用系统的观念识别硬件板,单一应用程序可控制一种以上硬件板。MIL 能单独在主机上运行,但使用专用加速 Matrox 硬件效率更高。

eVision 机器视觉软件包是由比利时 Euresys 公司推出的一套机器视觉软件开发 SDK，相比于其他的机器视觉开发包如 cognex visionlibrary，Matrox Imaging library，它似乎在 SDK 的功能分类上比这两个提供了更多的选择项。

eVision 机器视觉软件开发包所有代码都经过 mmx 指令的优化，处理速度非常快，但却提供了比 IPP 多得多的机器视觉功能，如 OCR、OCV、基于图像比对的图像质量检测、Barcode 和 MatrixCode 识别。

Adept 公司出品的 HexSight 是一款高性能的、综合性的视觉软件开发包，它提供了稳定、可靠和准确的定位以及检测零件的机器视觉底层函数。其功能强大的定位器工具能精确地识别和定位物体，不论其是否旋转或大小比例发生变化。HexSight 即使在最恶劣的工作环境下都能提供可靠的检测结果，呈现非凡的性能。

HexSight 软件包含一个完整的底层机器视觉函数库，程序员可用它来建构完整的高性能 2D 机器视觉系统，节省整个系统开发的时间。HexSight 可利用 Visual Basic、Visual C++或 Borland Dephi 平台方便地进行二次开发。

利维机器视觉应用软件开发包（real view bench，RVB）致力于自动化领域的专业机器视觉和图像处理算法软件包，是机器视觉行业极具竞争力和价格优势的专业算法软件包。RVB 包含各种 Blob 分析、形态学运算、模式识别和定位、尺寸测量等性能杰出的算法，提供不同形状关注区（region of interest，ROI）操作，可以开发强大的视频人机界面功能。RVB 提供了稳定、可靠及准确定位和检测零件的机器视觉底层函数，其功能强大的定位器工具能精确地识别和定位物体，即使在最恶劣的工作环境下都能提供可靠的检测结果，呈现出卓越的性能。

RVB 软件包含一个完整的底层机器视觉函数库，程序员可用它来建构完整的高性能 2D 机器视觉系统，节省整个系统开发的时间。可利用 Visual Basic、Visual C++或 Borland Dephi 平台方便地进行 RVB 二次开发。RVB 与图像采集设备如 CCD 相机无关，目前支持多种厂家的相机，接口包括 USB 2.0/3.0、GigE、1 394 a/b。

Open eVision 是一整套可靠、灵活和功能强大的软件工具，专用于图像处理和分析。Open eVision 中包含能与 C++、.NET 或 ActiveX 应用程序集成的图像分析库和软件工具库，比如通用库，包含数据结构的定义以及图像文件的存储和读取，EasyImage 数字图像处理通用库，包含通用的数字图像处理操作和算法，如 fft、图像代数运算，直方图统计和分析，图像配准和几何变换等，EasyColor 彩色图像处理库，包含彩色图像空间转换、Bayer 转换、基于 K 均值的彩色图像分割算法等；EasyObject，Blob 分析库，包括 Blob 特征提取、图像分割等；EasyGauge，基于亚像素的图像测量工具；EasyMatch，基于灰度相关性的图像匹配包，速度非常快，而且能够得到达到亚像素精度的匹配结果。对于旋转、尺寸变化和平移等都能精确地找到模板图像的位置。EasyFind，基于几何形状的图像匹配包，速度也非常快，但精度不太准确，EasyOCR 字符识别工具包，基于模板匹配方法，没有基于神经网络的精确，但是在大部分场合下非常适用，速度快，定位精度高；EChecker，是应用更广泛的印刷质量检测包，适用于所有的印刷检测对象；EasyBarcode 和 EasyMatrixCode，一维、二维条码识别库，可与 CVL 相媲美；EasyBGA，半导体芯片的 BGA 检测包；EasyWorldShape 计算机视觉锁定工具。

本教材重点以 X‑Sight STUDIO 智能相机软件二次开发讲解 X‑SIGHT 上位机软件 X‑Sight STUDIO 的安装系统要求、安装与卸载步骤、上位机以太网卡配置以及软件的加密相关问题。本软件适合于运行在 Windows 2000、Windows XP、Win7、Win10 等平台,软线在安装前,要确保已经安装过 Framework2.0 库,软件安装步骤与其他软件类似,不再赘述。

4.2.2 软件安装与设置

1) 上位机以太网卡配置

上位机以太网卡配置如下。

(1) 选择"开始"→"设置"→"控制面板"选项。

(2) 双击网络连接。

(3) 右击与智能相机相连接的本地连接按钮,选择"属性"选项。

(4) 选择"Internet 协议(TCP/IP)"项目,单击"安装"按钮。

(5) Internet 协议(TCP/IP)属性;

① 将 IP 地址设置为 192.168.8.253;

② 子网掩码位 255.255.255.0;

③ 默认网关可以不填;

④ DNS 服务器都不填。

2) 界面的基本构成

界面的基本构成,如图 4 - 12 所示。

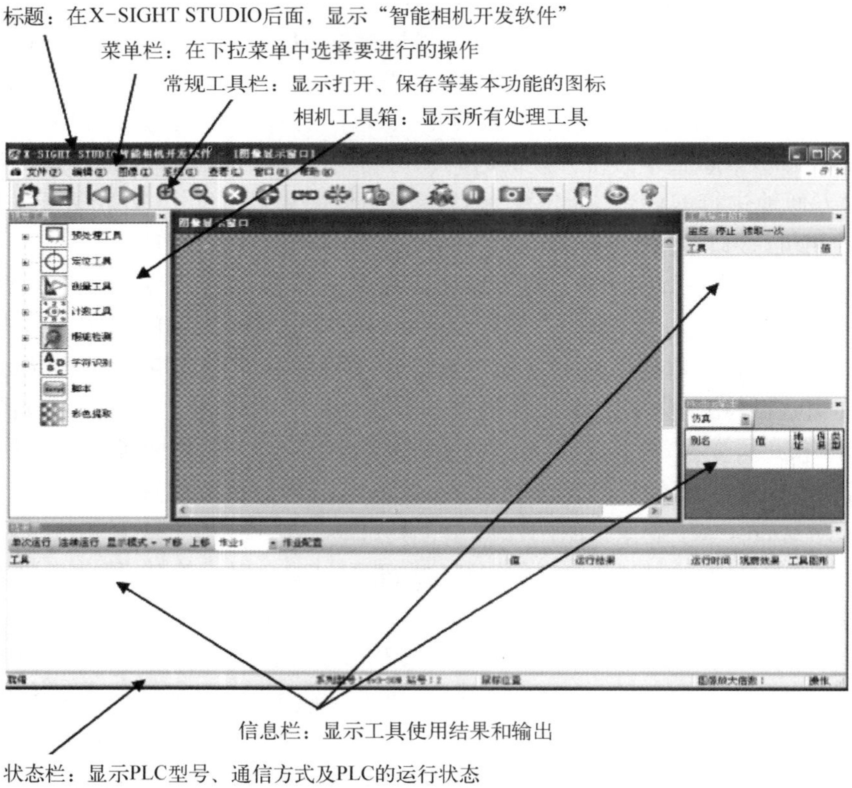

图 4 - 12　界面的基本构成

注:各窗体可随意调整位置和大小

常规工具栏,如表 4-1 所示。

表 4-1 常规工具栏

	打开	打开所需处理的 BMP 图片
	工程另存为	另存为现在所编辑的工程
	上一张图像	在打开一个图像序列时,浏览上一张图片
	下一张图像	在打开一个图像序列时,浏览下一张图片
	放大	放大现在正在编辑的图片
	缩小	缩小现在正在编辑的图片
	恢复原始图像大小	恢复现在正在编辑的图片的原始大小
	连接服务器	连接智能相机
	断开服务器	中断与智能相机的连接
	采集	采集模式只采集图像不进行处理
	调试	调试模式可以打开已有的工程图片对工程进行调试相当于仿真
	运行	在成功连接相机的情况下,命令相机运行
	停止	在成功连接相机的情况下,命令相机停止运行
	下载	下载相机配置
	下载	下载作业配置
	Visionserver	图像显示软件
	触发	进行一次通信触发
	显示图像	在成功连接相机的情况下,要求显示相机采集到的图像
	帮助	提供帮助信息

常用功能介绍：

保存图像序列：从"菜单"栏→"图像"→"保存图像序列"选项，如图 4 - 13 所示。

图 4 - 13　常用功能介绍

3）固件升级

固件升级：从"菜单栏"→"系统"→"固件升级"选项，如图 4 - 14 所示。

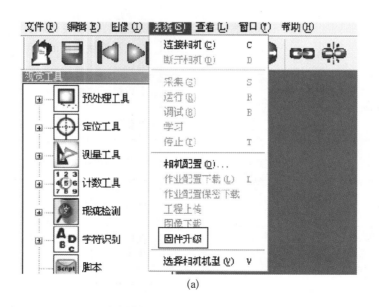

(a)

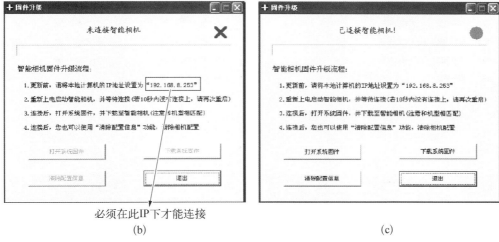

必须在此IP下才能连接
(b)   (c)

图 4-14 固件升级

注：连接后单击"打开系统固件"按钮→"下载系统固件"选项

相机配置：从"菜单栏"→"系统"→选择"相机配置"选项，如图 4-15 所示。

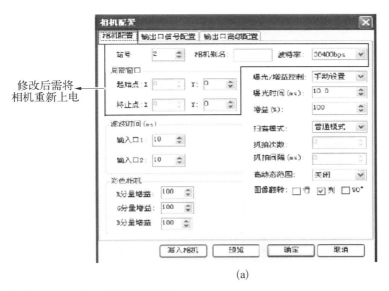

修改后需将
相机重新上电

(a)

注：站号可修改(1～10)，相机波特率固定为 38 400

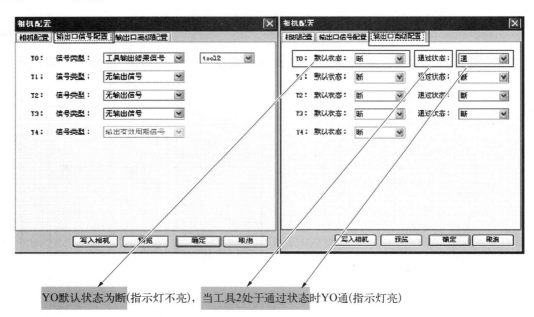

YO默认状态为断(指示灯不亮),当工具2处于通过状态时YO通(指示灯亮)

图 4-15　相机配置

注:当通过 IO 口输出信号时可进行输出口信号配置,如上图是将工具 2 的输出结果配置为 YO 输出。

4)相机信息

相机信息:从"菜单栏"→"查看"→"相机信息"选项,如图 4-16 所示。

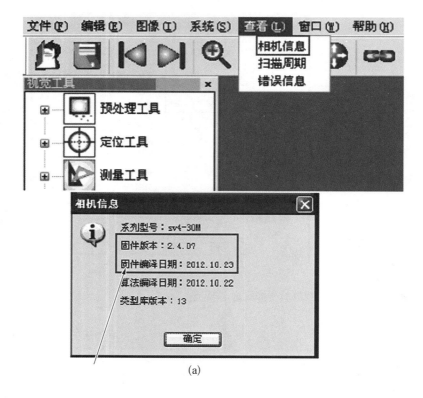

(a)

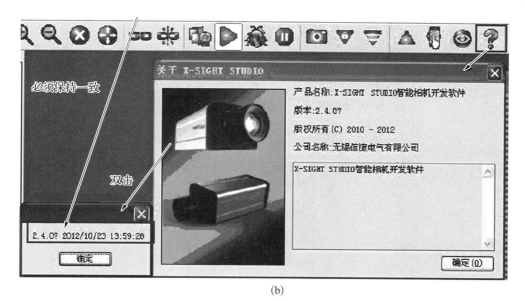

图 4‐16　相机信息

5）扫描周期

扫描周期：从"菜单栏"→"查看"→"扫描周期"选项，如图 4‐17 所示。

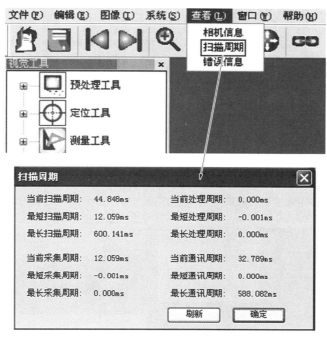

图 4‐17　扫描周期

6）错误信息

错误信息，如图 4‐18 所示。

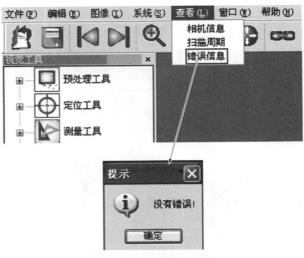

图 4 - 18　错误信息

注：在连接相机后出现不正常现象可以在错误信息中看到具体的错误类型

7）Modbus 配置

Modbus 配置：从"菜单栏"→"窗口"→"Modbus 配置"项（当需要通过从相机读某些数据时可进行配置），如图 4 - 19 所示。

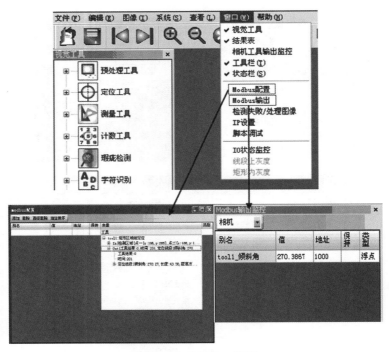

图 4 - 19　Modbus 配置

注：要看相机中的实际数据时需要从"Modbus 输出监控"中选择"相机"项，选仿真时显示的是上位机的数据

8）Modbus 通信地址表

保持寄存器（holding registers）：包括相机运行参数和作业配置。

NOTE：该空间 modbus 地址范围为 0～64 999，其中 0～999 为相机运行参数，1 000～64 999 为用户配置区。相机运行参数，如表 4－2 所示。

表 4－2　相机运行参数（地址范围：0～999D）

类　别	参　数	字　数	Modbus 地址	备　注
相机运行参数	工作模式	1W	0	RUN 模式 0 GRAB 模式 1 STOP 模式 2 DEBUG 模式 3 LEARN 模式 4
	系统自更新标志	1 W	1	写 AAAA，表示需要更新 FLASH
	错误标志位	1 W	2	编码方式见 5 错误类型
	写入作业配置标志	1 W	3	外部写 1 表示将配置信息写入 FLASH，完成操作，相机自动置 0
	当前描写时间	2 W	4	每个模式运行一次的时间，单位 μS
	最小扫描时间	2 W	6	单位 μS
	最大扫描时间	2 W	8	单位 μS
	网络通信错误码	1 W	10	ERROR_TCP 编码方式见 5MODBUS_TCP 错误
	系统处理错误码	1 W	11	ERROR_UART 编码方式见 5MODBUS_UART 错误
	串口通信错误码	1 W	12	ERROR_PROCESS 编码方式见 5PROCESS 错误
	虚拟机错误码	1 W	13	ERROR_VM 编码方式见 5 虚拟机错误
	定时触发作业选择位	1 W	15	
	外部触发 0 作业选择位	2 W	16	
	外部触发 1 作业选择位	3 W	17	
	保留	3 W	18～20	
	作业 1 触发请求	1 W	21	
	作业 2 触发请求	1 W	22	
	作业 3 触发请求	1 W	23	

（续表）

类　别	参　数	字　数	Modbus 地址	备　注
相机运行参数	作业 4 触发请求	1 W	24	
	作业 5 触发请求	1 W	25	
	保留	3 W	26～28	
	实时参数修改使能	1 W	30	使能 CMOS 参数实时修改功能
	增益	1 W	31	存于 RAM 中，对相机实时调试
	曝光时间	2 W	32	存于 RAM 中，对相机实时调试 Float
	自动增益/曝光控制	1 W	34	（仅 MT9V032）存于 RAM 中，对相机实时调试
	图像翻转控制	1 W	35	存于 RAM 中，对相机实时调试
	快照模式使能控制	1 W	36	（仅 MT9V032）存于 RAM 中，对相机实时调试
	高动态范围控制	1 W	37	
	保留	1 W	38	
	局部图像窗口起始坐标 X	1 W	39	图像窗口左下角
	局部图像窗口起始坐标 Y	1 W	40	
	局部图像窗口终止坐标 X	1 W	41	图像窗口右上角
	局部图像窗口终止坐标 Y	1 W	42	
	保留	5 W	43～47	
	当前采集时间	2 W	48	图像采集时间
	最短采集时间	2 W	50	
	最长采集时间	2 W	52	
	当前处理时间	2 W	54	算法作用处理时间
	最短处理时间	2 W	56	
	最长处理时间	2 W	58	
	当前通信时间	2 W	60	通信时间：包括串口通信和以太网时间
	最短通信时间	2 W	62	
	最长通信时间	2 W	64	
	保留	4 W	66～69	
	输入口 X0 状态	1 W	70	
	输入口 X1 状态	1 W	71	
	保留	4 W	72～75	

（续表）

类　别	参　　数	字　数	Modbus 地址	备　　注
相机运行参数	输入口 Y0 状态	1 W	76	
	输入口 Y1 状态	1 W	77	
	输入口 Y2 状态	1 W	78	
	输入口 Y3 状态	1 W	79	
	输入口 Y4 状态	1 W	80	

9）相机工具输出监控

相机工具输出监控：从"菜单栏"→"窗口"→"相机工具输出监控"选项，如图 4 - 20 所示。

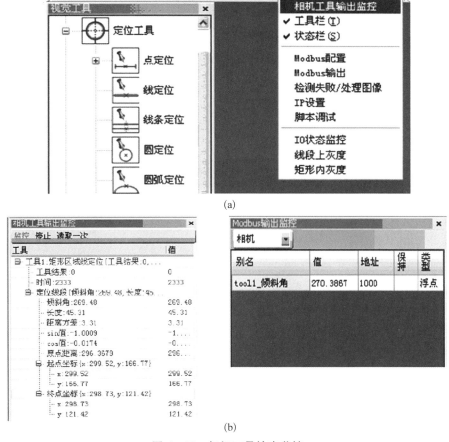

(a)

(b)

图 4 - 20　相机工具输出监控

选择"相机工具输出监控"选项,单击"监控"按钮后显示下位机的数据,与"Modbus 输出监控"都为下位机数据监控用,区别在于后者需配置后方可用。

10) IO 状态监控

IO 状态监控:从"菜单栏"→"窗口"→"IO 状态监控"选项,如图 4 - 21 所示。

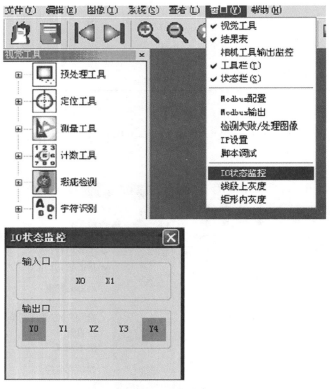

图 4 - 21　IO 状态监控

如上文所述进行"输出口信号配置后"可进行 IO 输出监控,也可通过脚本的方式。

例如:

```
if(tool2.Out.result==0)
{
    writeoutput(0,1);
}
Else
{
    writeoutput(0,0);
}
```

(1) 线段上灰度。线段上灰度(见图 4 - 22):从"菜单栏"→"窗口"→"线段上灰度"选项。

单击"线段"后出现一根"蓝色的线",左侧曲线图则表示这段直线上的灰度变化。找出

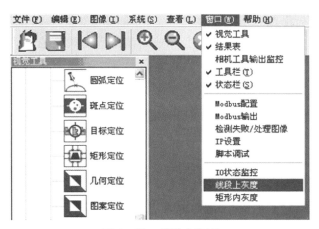

图4-22　线段上灰度

曲线上灰度变化最急剧的地方则为找到该边界的阈值范围。（阈值同第4章预处理工具中二值化中的阈值一致）阈值：通过指定某个色阶作为阈值后将灰度或彩色图像转换为高对比度的黑白图像，所有比阈值大的像素转换为白色；而所有比阈值小的像素转换为黑色。

（2）矩形内灰度。矩形内灰度：从"菜单栏"→"窗口"→"矩形内灰度"选项，如图4-23所示。

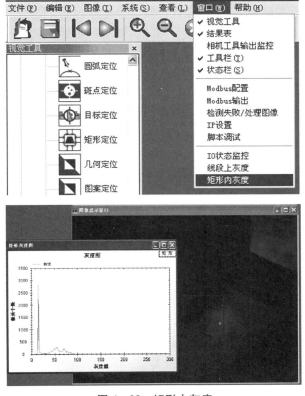

图4-23　矩形内灰度

单击"矩形"按钮后出现一个"蓝色的矩形",左侧曲线图则表示矩形区域内分布在每个灰度值上的像素个数。通过曲线上灰度变化找到该边界的阈值范围后,通过在该范围内找出像素最少的某一灰度作为寻找该边界的阈值。

(3)作业配置。作业配置:从"结果表"→"作业配置"选项,如图 4‑24 所示。

图 4‑24　作业配置

说明:

(1)作业配置可以配置每个作业的触发方式、延时时间、采集周期以及输入口选择。

(2)延时时间表示在触发信号生效后,再延时一定的时间,采集图像。

(3)采集周期在使能"内部定时触发"时有效;输入口选择在使能"外部触发"项时有效。

作业的触发方式有连续触发、内部定时触发、外部触发、通信触发等 4 种触发方式。连续触发不需要外部干预,采集完一帧图像后,自动采集下一帧图像;内部定时触发根据设置的采集周期,由相机内部定时触发采集图像;外部触发由相机根据输入口 $X0$ 和 $X1$ 的状态采集图像;通信触发由相机根据 MODBUS 寄存器地址 21～25 的状态触发相应的作业采集图像。相机运行过程中,每个扫描周期可以执行多个作业,作业 1 运行的过程中,如果对作业 2、作业 3、作业 4、作业 5 等有触发请求,则该触发请求会被保留,作业 1 执行完毕后,会执行被触发的作业。

4.2.3　定位工具

定位工具包括点定位、线条定位、圆弧定位、斑点定位、目标定位、矩形定位、几何定位、图案定位、轮廓定位。本小节重点介绍斑点定位和图案定位。

1)斑点定位

根据周长和面积定位,若监测区域出现周长面积类似的斑点则采用形状定位的目标定位工具。

绘制工具,如图 4‑25 所示。

(1)在"工具"栏中选中"斑点定位"工具。

(2)在图像显示窗口中按住鼠标左键不松开,移动鼠标有一个随着鼠标移动大小改变的矩形,该矩形便为学习区。

(3)在矩形大小合适的位置松开鼠标左键,自动出现搜索区域。

斑点定位的工具选框为 2 个具有相同中心的矩形,其中较小的矩形为学习区域,较大的矩形为搜索区域,学习区域可以包含在搜索区域也可不在搜索区域中。产品进行检测时,以学习到的对象作为标准,只要对象落入搜索区内便能找到。

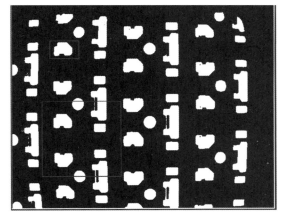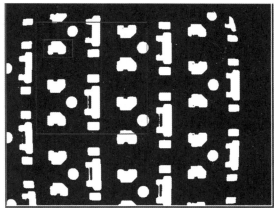

图 4‐25　绘制工具

参数设定:

(1)"常规"用于设置工具的名称,添加工具的描述、位置参照、图像参照。

(2)"形状"可修改搜索框的位置及大小。

(3)"选项"项目进行参数设定,如图 4‐26 所示。

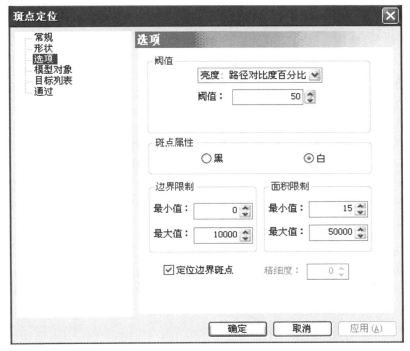

图 4‐26　斑点定位的选项参数

阈值：

①"亮度：无"选项，把选框中的图像恢复到原始图。

②"亮度：固定值"选项，可设定确定的灰度值阈值。若设为160，则灰度值低于160为黑像素点，灰度值高于160为白像素点。默认为128。

③"亮度：路径对比度百分比"选项，可设定灰度值阈值百分比。强度阈值＝(灰度最大值－灰度最小值)×百分比＋灰度最小值。若百分比设为40％，且扫描区域内最小灰度值为20，最大灰度值为250，则灰度值低于(250－20)×40％＋20即112的为黑像素点，灰度值高于112的为白像素点。默认为50％。

④"亮度：自动双峰"根据扫描路径直方图中的双峰值自动算出灰度值强度阈值。

⑤"自适应"采样模板大小表示判断一个像素是黑色还是白色需要与周围$N×N$个像素进行对比，其中N就是采样模板大小设定的像素数。阈值0％对应采样模板中的灰度平均值，100％为绝对白，－100％为绝对黑。例如，当我们选择0％时，像素点只要不小于平均灰度值就为白色。

斑点属性：

①"黑"是指被定位对象为黑色。

②"白"是指被定位对象为白色。

边界限制：

①"最小值"设置斑点周长范围的最小值。

②"最大值"设置斑点周长范围的最大值。

注：当被检斑点周长不在此范围内是定位不到该斑点。

面积限制：

①"最小值"设置斑点面积范围的最小值。

②"最大值"设置斑点面积范围的最大值。

注：当被检斑点面积不在此范围内是定位不到该斑点。

定位边界斑点：

勾选此项后搜索框边界上的斑点也定位。

模型对象，如图4-27所示。

"模型对象"是指学习区左下角及学习区右上角修改学习框的位置及大小。

"重新学习"在学习区域里面根据设置的参数学习对象。

"设为标准"是将学习到的某个对象设为基准，若不在表格中选中某个对象则会默认学习到的第一个对象为基准。在搜索区域内定位对象时会以选中的基准为标准给出匹配得分，显示在"目标列表"中(见图4-28)。

在目标列表中显示定位到的斑点的匹配得分、周长、面积、中心点坐标，定位到的点是匹配得分最高的。通过最小匹配得分，如图4-29所示。

如图4-29所设的匹配得分，若在搜索区域内找到的对象匹配得分大于或等于所设值则能定位到斑点，小于所设值则定位不到斑点。

注：此参数可以用来滤去不需要的斑点。

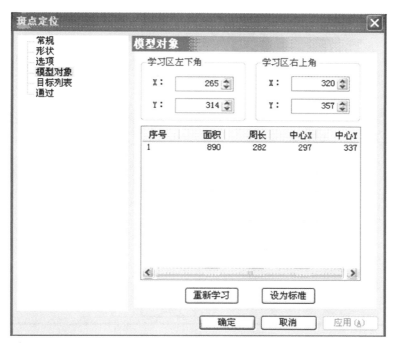

图 4-27　模型对象

图 4-28　目标列表

图 4-29　斑点定位"通过"图

2）图案定位

图案定位（见图 4-30）是先提取模板和待搜索区域图像的特征，再将特征进行匹配，从而计算出模板和对象之间的几何位置关系。图像采集如图 4-31 所示。

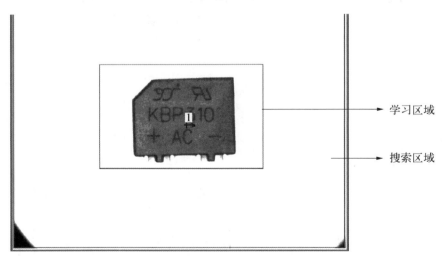

图 4-30　图案定位

部分参数说明：

（1）"学习区域"此区域即为人工绘制的矩形区域，尽量只包含待定位目标，选取的模板应尽量保证与实际环境下目标相一致。

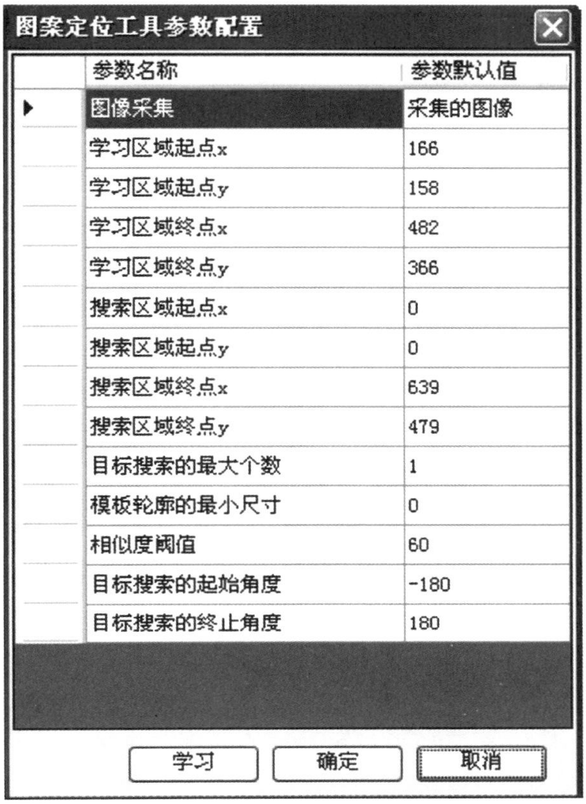

图案定位工具参数配置
参数名称
参数默认值
图像采集
采集的图像
学习区域起点x
166
学习区域起点y
158
学习区域终点x
482
学习区域终点y
366
搜索区域起点x
0
搜索区域起点y
0
搜索区域终点x
639
搜索区域终点y
479
目标搜索的最大个数
1
模板轮廓的最小尺寸
0
相似度阈值
60
目标搜索的起始角度
-180
目标搜索的终止角度
180
学习
确定
取消

图 4-31　图像采集

(2)“目标搜索的最大个数”该参数默认为 1，即找出图像中匹配得分最高的目标，应根据现场实际情况，保证此值大于可能出现的最多目标个数。

(3)“相似度阈值”得分范围从 0(不匹配)到 100(完全匹配)(见图 4-32)。

0
接受阈值
1.0
无效匹配
有效匹配

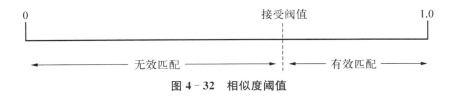

图 4-32　相似度阈值

在实际定位情况下，应选取合适的相似度阈值，保证目标定位精确度和运行速度。该值过小会造成误检率增加，运算量加大。

(4) 目标搜索角度范围，在实时图像中，目标可能存在旋转角度的变化(见图 4-33)，为准确快速定位，应根据目标实际可能出现的最大角度偏差设定该值，该值较小可减少定位时间，对于几何对称的目标，更应根据其对称特性设置该值。

(5) 搜索区域范围，在实际情况下，目标可能出现在实时图像中的任意坐标位置，表现为目标基准点 X、Y 坐标的变化(见图 4-34)，应根据目标在实时图像中可能出现的区域，尽量规定较小的搜索区域，以减少运行时间。

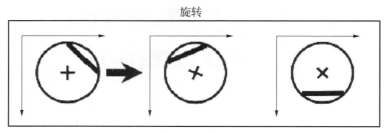

图 4－33　目标旋转角度的变化

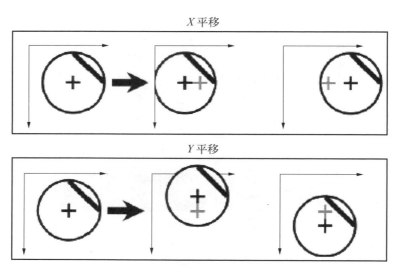

图 4－34　目标基准点 X、Y 坐标的变化

图 4－35　绘制选框

3）轮廓定位

通过轮廓定位工具可以将图形的轮廓定位出来。

绘制选框（见图 4－35）：

（1）在工具栏中选中轮廓定位工具。

（2）在图像显示窗口中按住鼠标左键不松开，移动鼠标有一个随着鼠标移动大小改变的矩形。

（3）在矩形大小合适的位置松开鼠标左键固定矩形。

参数设定：

（1）"常规"用于设置工具的位置参照、图像参照。

（2）"形状"修改搜索框位置大小。

（3）"选项"项目参数设定（见图 4－36）如下。

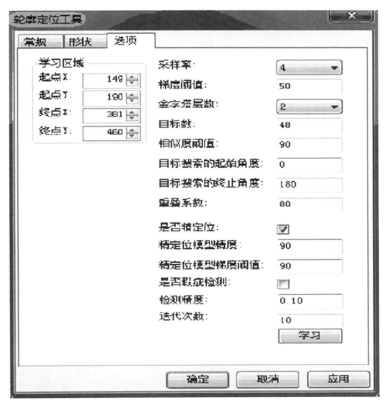

图 4-36　轮廓定位的选项参数设置

①"学习区域"可修改学习框位置的大小。

②"采样率"默认值为 4。

③"梯度阈值"此参数根据图形的模糊程度来进行设置,图形越模糊则取值越小。

④"金字塔层数"根据镜头的不同像素设置参数,如当镜头像素为 30 万时可将参数设置成 2,当镜头参数像素为 120 万时可将参数设置成 3。

⑤"目标数"可设置搜索目标的个数。

⑥"相似度阈值"类似于匹配得分,得分大于等于设置值时则能定位到图形,小于所设值则定位不到图形。

⑦"目标搜索的起始角度""目标搜索的终止角度"是指从起始角度逆时针旋转到终止角度的范围。

⑧"重叠系数",如果两个图形有重叠,那么就可以设置重叠系数,当重叠系数大于或等于设置值时,将会把得分低的图形滤除,保留得分高的图形。

⑨"是否精定位"是指选择精定位后可以精确的定位图形。

⑩"精定位模型精度"可根据不同精度要求设置大小。

⑪"精定位模型梯度阈值",此参数根据图形的模糊程度来进行设置,图形越模糊则取值越小。

⑫"是否瑕疵检测"是对于图形中的瑕疵进行检测。

⑬ "检测精度"取值范围 0～1。

4）二维码识别

二维码又称二维条码（见图 4-37），常见的二维码为 QR Code，QR 全称 Quick Response，是近几年来移动设备上超流行的一种编码方式，它比传统的 Bar Code 条形码能存贮更多的信息，也能表示更多的数据类型。二维条码/二维码（2-dimensional bar code）是用某种特定的几何图形按一定规律在平面（二维方向上）分布的黑白相间的图形记录数据符号信息的；在代码编制上巧妙地利用构成计算机内部逻辑基础的"0""1"比特流的概念，使用若干个与二进制相对应的几何形体来表示文字数值信息，通过图像输入设备或光电扫描设备自动识读以实现信息自动处理：它具有条码技术的一些共性，每种码制有其特定的字符集；每个字符占有一定的宽度；具有一定的校验功能等。同时还具有对不同行的信息自动识别功能，以及处理图形旋转变化点。

图 4-37　二维码

在许多种类的二维条码中，常用的码制有：Data Matrix、MaxiCode、Aztec、QR Code、Vericode、PDF417、Ultracode、Code 49、Code 16K 等，QR Code 码是 1994 年由日本 DW 公司发明的 QR 码最常见于日本、韩国，并为当前日本最流行的二维空间条码。但二维码的安全性也正备受挑战，带有恶意软件和病毒正成为二维码普及道路上的绊脚石。发展与防范二维码的滥用正成为一个亟待解决的问题。每种码制有其特定的字符集，每个字符占有一定的宽度，具有一定的校验功能等。同时还具有对不同行的信息自动识别功能及处理图形旋转变化等特点。二维码是一种比一维码更高级的条码格式。一维码只能在一个方向（一般是水平方向）上表达信息，而二维码在水平和垂直方向都可以存储信息。一维码只能由数字和字母组成，而二维码能存储汉字、数字和图片等信息，因此二维码的应用领域要广得多。二维条码/二维码可以分为堆叠式/行排式二维条码和矩阵式二维条码。堆叠式/行排式二维条码在形态上是由多行短截的一维条码堆叠而成；矩阵式二维条码以矩阵的形式组成，在矩阵相应元素位置上用"点"表示二进制"1"，用"空"表示二进制"0"，"点"和"空"的排列组成代码。二维码的原理可以从矩阵式二维码的原理和行列式二维码的原理来讲述。具有代表性的矩阵式二维条码有：CodeOne、MaxiCode、QRCode、DataMatrix 等。目前二维码工具只能对 DataMatrix 进行识别。

绘制选框：

（1）首先在工具栏中选中二维码识别工具。

（2）在图像显示窗口中按住鼠标左键不松开，移动鼠标有一个随着鼠标移动大小改变的矩形。

（3）在矩形大小合适的位置松开鼠标左键固定矩形。

参数设定：

（1）"常规"用于设置工具的位置参照、图像参照。

（2）"形状"→"起点 X,Y"设置学习框左下角位置；从"形状"→"终点 X,Y"设置学习框右上角位置。

（3）"选项"设定参数（见图4-38）如下：

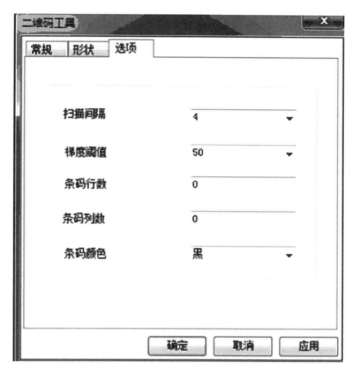

图4-38　从二维码工具→选项

① "扫描间隔"在定位条码时所需进行的扫描密度，根据条码的大小来进行设置。一般，条码越大则该参数可以取比较大的值，以提高整个条码的识别速度；条码越小则应该取较小的参数值，以避免条码漏检。默认情况下的扫描间隔为4。

② "梯度阈值"此参数根据条码图像的模糊程度来进行设置，条码越模糊则取值越小，默认情况下设置为50即可。

③ "条码行数"用户可以指定二维码中所包含的总的黑色行数。

④ "条码列数"用户可以指定二维码中所包含的总的黑色列数。

⑤ "条码颜色"二维码显示的颜色，默认为黑色。

4.2.4 脚本功能

1) 工具结果读取

用户可以通过脚本取出工具结果的值，这里值得注意的索引号从 0 开始，比如要求取出斑点 1 集合里的参数，索引号则为 0。工具结果读取，如图 4-39 所示。

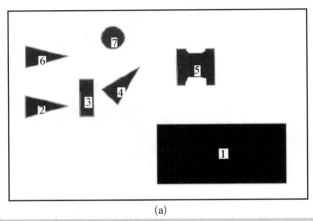

(a)

(b)

图 4-39　工具结果读取

（1）取出斑点 1 上的面积。首先利用斑点计数工具将图像上的图形找到，然后打开脚本工具，单击"添加"按钮，添加一个全局变量，变量名为 val1，类型为 int，这样可以在工具 tool2 的结果中看到斑点 1 面积（索引号从 0 开始）。

int a;

a＝tool1.Out.blobSet[0].mark.markArea;//精斑点 1 的面积值赋给 a

tool2.val1＝a;//将 a 的值赋给工具 tool2 中的全局变量 val1

（2）取出斑点 2 上的中心坐标。代码如下：

float a＝0;float b＝0;

a＝tool1.Out.blobSet[1].mark.centrePoint.x;//将斑点 2 的中心点 x 坐标值赋给 a

b＝tool1.Out.blobSet[1].mark.centrePoint.y;//将斑点 2 的中心点 y 坐标值赋给 b

tool3.val1＝a;//将 a 的值赋给工具 tool3 中的全局变量 val1

tool3.val2＝b;//将 b 的值赋给工具 tool3 中的全局变量 val2

用户交互

Modbus 设置,如图 4 - 40 所示。在 Modbus 输出监控中的 tool 1 最小匹配度的值设置为 20,结果如图 4 - 40(b),图像显示窗口如图 4 - 40(c)所示。将 tool 1 最小匹配度的值设置为 50,则图像结果如图 4 - 40(d)所示。

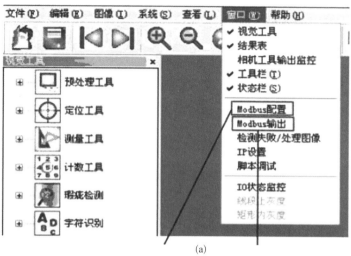

(a)

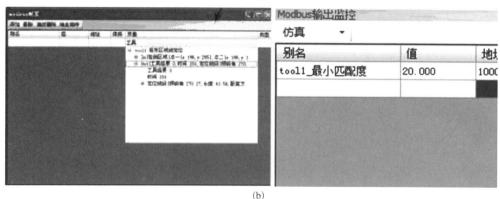

(b)

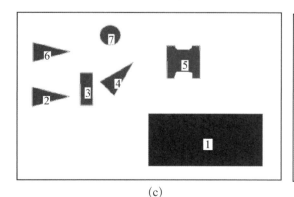

(c)

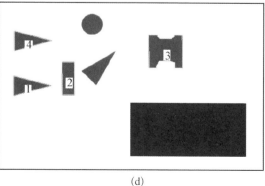

(d)

图 4 - 40　Modbus 设置

要看相机中的实际数据时需在"Modbus 输出监控"选项中选择"相机"选项,选仿真时显示的是上位机的数据。

2)输出端控制

writeoutput,写外部端子(端口号,数值)

writeoutput 函数用于写外部输出端子,其端口号只有 0～3 号口有效(Y0,Y1,Y2,Y3)。

其中数值:1 为 ON,0 为 OFF。

代码:

writeoutput(0,1);//将外部端子 Y0 写入 1。

3)工具运算

(1) dotdotmiddot,点中点。用点定位工具中的沿直线段定位工具在图像中找到两个点,再通过脚本中的点中点函数将两个点的中点找到,并将值赋给局部变量 middot。定义两个全局变量(见图 4-41),类型为 float,将中点的 x 和 y 分别赋到两个全局变量中。

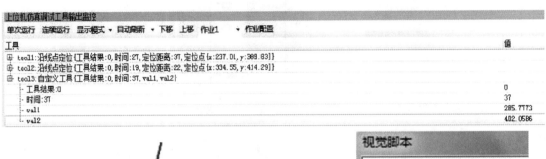

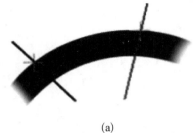

(a)

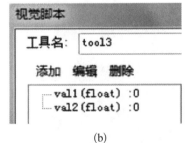

(b)

图 4-41　定义的两个全局变量

代码:

var middot=dotdotmiddot(tool1.Out.point,tool2.Out.point);

tool3.val1=middot.x;

tool3.val2=middot.y;

注:定义任意对象 middot,将两点定位工具定位到的点的中点赋给 middot。

(2) arraynewint,创建 int 型数组。定义一个有 3 个元素的数组,并分别赋值为 1,2,3。

代码:

var arr=arraynewint(3);

arr[0]=1;

arr[1]=2;

arr[2]=3

（3）dotdotdis，点点距离（两点之间距离）。定义一个局部变量 dotdis，类型为 float，如果需要将这个距离输出到外部则添加一个全局变量 val1，类型为 float。dotdis 的值就是两点的距离，其单位为像素。

步骤 1：从"面积限制"→"最大值：5000000"选项。

步骤 2：在脚本工具中定义 3 个全局变量，如图 4-42 所示。

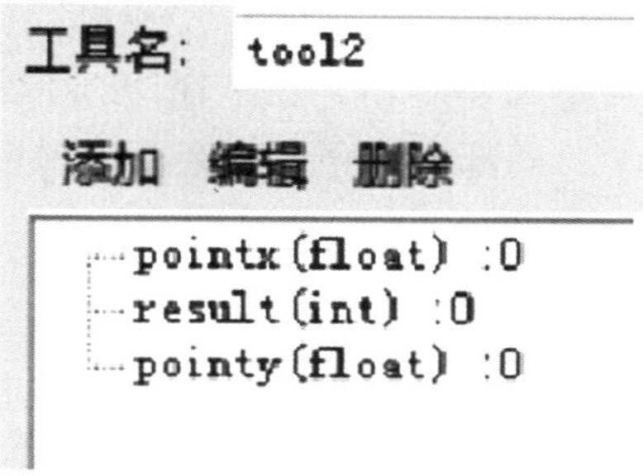

步骤 3：详细代码见本章的获取轮廓顶点示例。

工具结果如图 4-43 所示。

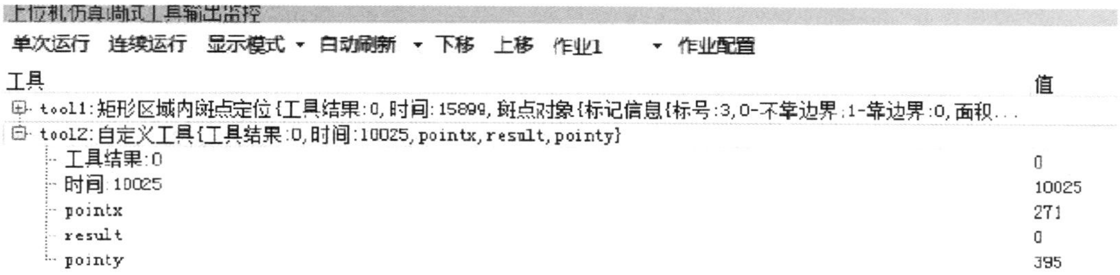

图 4-42　定义 3 个全局变量

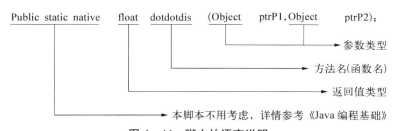

图 4-43　工具结果

4）脚本的语言说明

脚本的语言说明如图 4-44 所示。

图 4-44　脚本的语言说明

（1）参数类型。参数类型可能出现 int、float、object、array。

（2）方法名（函数名）。方法名即为方法使用时所需要输入的函数名。

（3）返回值类型。即为调用函数后，返回值的类型，可能是 int、float、object、array。

在 V2.4.6 版本中，一共有 int、float、array、var 4 种数据类型。Int 变量、Float 变量和 Array 变量，如表 4-3～表 4-5 所示。

表 4-3　Int 变量

Int 变量		变量是否自清除
全局变量	√	×
局部变量	√	√
变量位数	16 位	—

其中全局变量不会自清除,即在相机运行完一次后,变量中的值不会恢复初始值,例如,有全局变量 tool1.a,当运行完第一次后为 10,则第二次运行时 tool1.a 的初始值也为 10。

局部变量会自清除,第二次运行时,其值恢复为其初始值。

表 4 - 4   Float 变量

Float 变量		变量是否自清除
全局变量	✓	×
局部变量	✓	✓
变量位数	16 位	—

脚本中 Array 变量拥有如表 4 - 5 所示。

表 4 - 5   Array 变量

Array 变量		变量是否自清除
全局变量	×	—
局部变量	✓	✓
变量位数	16 位的倍数	—

例如:根据两个点,获取中点

var middot=dotdotmiddot(tool1.Out.point,tool2.Out.point);

tool3.x=middot.x;

tool3.y=middot.y;

注:本地方法返回的变量类型,可直接写 Var(不能单独申明"var middot",var 要与本地方法在同一行),之后可以直接访问 moddot 的成员 x 和 y。

5) 语句支持及风格

(1) 条件判断(if)。if 语句是用来判定所给定的条件是否满足,根据判定的结果(真或假)决定执行所给出的两种操作之一。下面列举 if 语句的 3 种形式。

① if(表达式)语句:打开脚本工具,工具名为 tool 1,单击"添加"按钮,变量名为 val1,变量类型为 int,初始值为 0,参数设置完以后单击"确定"按钮。

例如:

int a=0;int b=0;

if(a==0)b=1;

tool1.val1=b;

运行结果:val1=1。(在上位机仿真调试工具输出监控窗口中的 tool1 可以看到 val1 的值。)

这种 if 语句的执行过程如图 4 - 45(a)所示。

② if(表达式 1)语句 1   else 语句 2

例如:

int a=0;int b=0;//定义整型变量 a 和 b

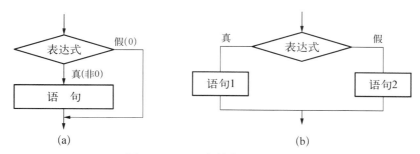

图 4 - 45　if 语句的执行过程(一)

if(a==1)b=1;//判断 a 是否等于 1,满足条件则 b=1

else b=2;//不满足条件则 b=2

tool1.val1=b;

运行结果:val1=2。

这种 if 语句的执行过程如图 4 - 45(b)所示。

③ if(表达式 1)语句 1

else if(表达式 2)语句 2

else if(表达式 3)语句 3

...

else if(表达式 m)语句 m

else 语句 n

例如:

int a=2;int b=0;

if(a==0)b=1;

else if(a==1)b=2;

else if(a==2)b=3;

tool1.val1=b;

运行结果:val1=3。

这种 if 语句的执行过程如图 4 - 46 所示。

(2) 循环语句(for;while)。

① for(表达式 1;表达式 2;表达式 3)语句

for 循环是最基本的循环语句。在程序设计中,通常希望按指定的次数完成一个任务。

例如:

int i=0;int a=0;

for(i=1;i<10;i++)

{

a=a+i;

}

tool1.val1=a;

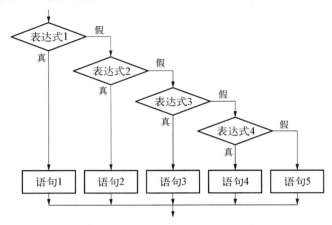

图 4 – 46 if 语句的执行过程(二)

运行结果:val1＝45。

这种 for 循环语句的执行过程如图 4 – 47(a)所示。

② while(表达式)语句

当表达式为非 0 值时,执行 while 语句中的内嵌语句。

例如:

int i＝0;int a＝0;

while(i＜10)

{

a＝a＋i;

i++;

}

tool1.val1＝a;

运行结果:val1＝45。

这种 for 循环语句的执行过程如图 4 – 47(b)所示。

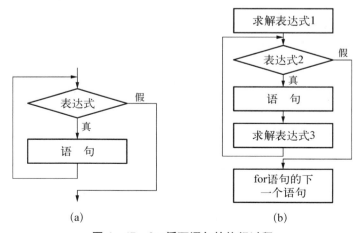

(a)   (b)

图 4 – 47 for 循环语句的执行过程

关系运算符总列,如表 4 - 6 所示。

表 4 - 6　关系运算符总列

运算符	说　明	运算符	说　　明
>	大于	—	减
<	小于	*	乘
<=	小于等于	/	除
>=	大于等于	++	递增
==	等于	——	递减
! =	不等于	&&	逻辑与
+	加	‖	逻辑或

例 1: 根据工具结果控制输出端

示例内容: 检测齿轮个数,用户可输入一个标准齿轮数,每次判断当前个数与设定个数的关系标准工件,如图 4 - 48 所示;缺齿工件,如图 4 - 49 所示。根据结果对 Y0 口进行操作,如图 4 - 50 所示。

图 4 - 48　标准工件

图 4 - 49　缺齿工件

步骤 1: 通过轮廓工具将工件的轮廓定位出来,轮廓定位中的参数设置默认即可。

步骤 2: 通过斑点计数中的圆环内斑点计数工具可以检测到齿轮个数,将位置参照中的继承类型设置为相对静止,继承工具设置为 tool1。

步骤 3: 在 tool3 中添加一个全局变量,类型为 int,初始值改为 29。编写脚本,代码如下。

```
int a;
a=tool2.Out.blobNum;//将 tool2 中齿轮个数赋值给 a
if(a==tool3.val1)
{
writeoutput(0,1);//满足条件则 Y0 输出为 1
}
else
writeoutput(0,0);//不满足条件则 Y0 输出为 0
```

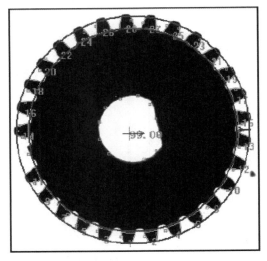

图 4-50　检测尺轮缺陷对 Y0 操作

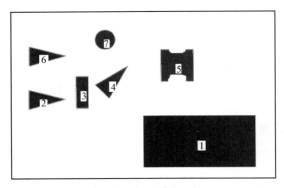

图 4-51　几何图形

例 2：排序实例

对图 4-51 图像中的几何图形按面积的大小进行排序。

步骤 1：用斑点计数中的矩形内斑点计数工具将图像中的所有几何图形找到。斑点计数中的主要参数设置如下：

从"选项"→"最小匹配得分：20"选项。

从"选项"→"阈值"→"固定值：128"选项。

从"选项"→"面积限制最大值：50000"选项。

参数设置完以后单击"应用"和"确定"按钮，会出现上图的效果。

步骤 2：打开脚本工具，添加一个脚本变量，类型为 float 数组，名称为 val1，数组长度为 14，编写代码。编辑变量参数，如图 4-52 所示。

代码如下：

int a＝0；int b＝0；int x＝0；int y＝0；int i＝0；int z＝0；

```
a=tool1.Out.blobNum;//将斑点个数的值赋给 a
b=a * 2;//
var arr = arraynewfloat (b);//创建一个float 类型的数组,长度为斑点个数的 2 倍
for(x=0;x<b;x=x+2)
{
arr[x] = tool1. Out. blobSet [i]. mark. nLabelNum;//图形的标号
i++;
}
i=0;
for(z=1;z<b;z=z+2)
{
arr[z]=tool1.Out.blobSet[i].mark.markArea;//图形的面积
i++;
}
arrayadvsort(arr,2,1,1,0);
for(y=0;y<b;y++)
{
tool2.val1[y]=arr[y];
}
```

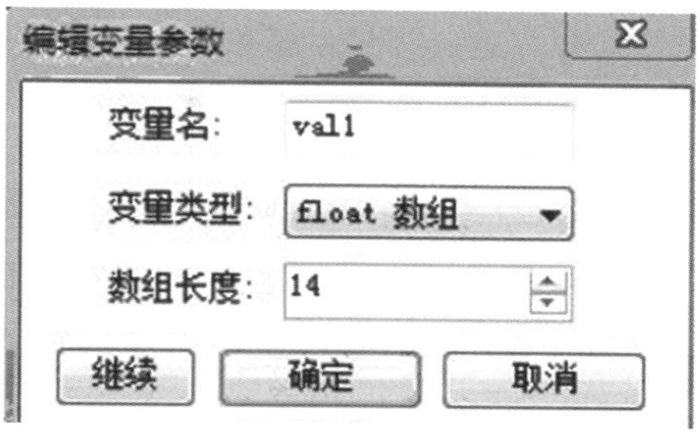
编辑变量参数
变量名:
val1
变量类型:
float 数组
数组长度:
14
继续
确定
取消
图 4 - 52　编辑变量参数

工具结果如图 4 - 53 所示。

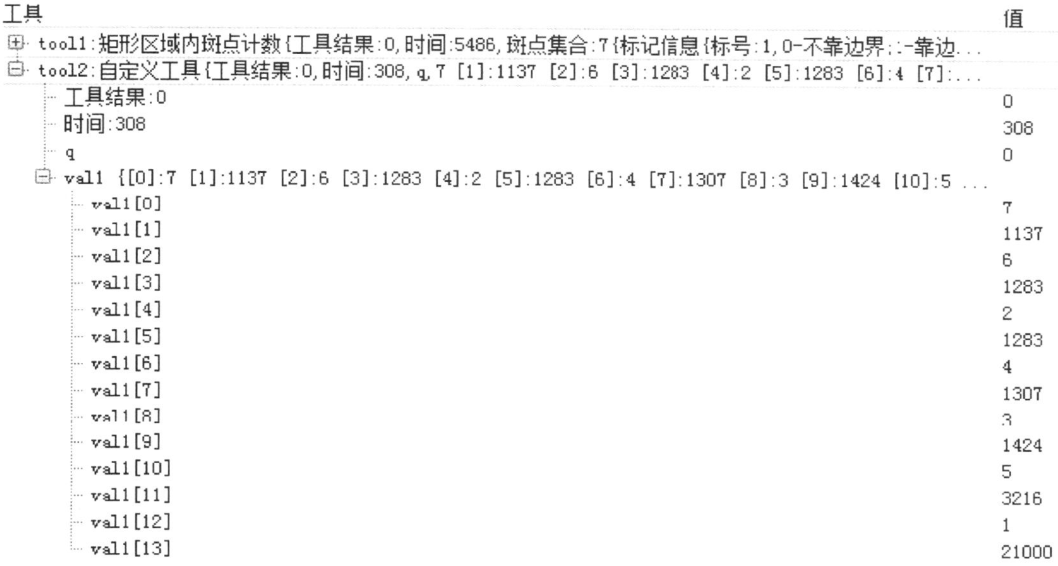
工具
值
tool1:矩形区域内斑点计数{工具结果:0,时间:5486,斑点集合:7{标记信息{标号:1,0-不靠边界;:-靠边...
tool2:自定义工具{工具结果:0,时间:308,q,7 [1]:1137 [2]:6 [3]:1283 [4]:2 [5]:1283 [6]:4 [7]:...
工具结果:0
0
时间:308
308
q
0
val1 {[0]:7 [1]:1137 [2]:6 [3]:1283 [4]:2 [5]:1283 [6]:4 [7]:1307 [8]:3 [9]:1424 [10]:5 ...
val1[0]
7
val1[1]
1137
val1[2]
6
val1[3]
1283
val1[4]
2
val1[5]
1283
val1[6]
4
val1[7]
1307
val1[8]
3
val1[9]
1424
val1[10]
5
val1[11]
3216
val1[12]
1
val1[13]
21000
图 4 - 53　工具结果

4.3 机器视觉系统使用注意事项

1）数值有效性问题

（1）当应用其他工具时，先判断该工具的结果然后再读取其中的数据。

（2）如图4-54所示当脚本中定义一个长度为10的数组arrange时，则只能对arrange的0～9的数据进行读写操作。在图4-55中，读取了arrange[10]的数据，则运行结果会显示数组越界，此时需要检查并出现越界的代码段。

图4-54 变量未定义

```
var arrange = arraynewint(10);
int val = arrange[10];
```

运行结果
Fail:行:1,数组越界

图4-55 数组越界

2）全局变量的有效性问题

全局变量不会自清除，即在相机运行完一次后，变量中的值不会恢复初始值，例如，有全局变量tool1.a，当运行完第一次后为10，则第二次运行时tool1.a的初始值也为10。

3）多个脚本之间的相互包含问题

如图4-56所示，在脚本tool1和tool2中分别定义变量task和task2，tool1中引用了tool2中task2的值，而tool2中同样引用了tool1中task的值，从而导致两个脚本相互包含，在第一次编辑的情况下，脚本编译和运行均不会报错，但当同样的工程文件在另外一台电脑

```
1  int curTask = tool2.task2;
2  if(curTask == 0)
3  {
4      tool1.task = 1;
5  }
6  else
7  {
8      tool1.task = 0;
9  }
```

```
1  if(tool1.task == 0)
2  {
3      tool2.task2 = 1;
4  }
5  else
6  {
7      tool2.task2 = 0;
8  }
```

图4-56 多个脚本的相互包含

上运行时,则会报错,此时的解决办法就是修改程序,保证脚本工具之间不存在相互包含的关系。

4)检测区域的修改问题

脚本中能修改其他工具的输入和输出参数,包括其他工具的检测区域,在修改检测区域过程中,务必要确定该工具的区域类型(正矩形、斜矩形、圆、线段),然后根据类型进行相应的修改,例如修改正矩形的过程中,务必确定三个顶点的确定关系,否则容易修改区域后,产生出现非法区域,导致工具无法正常运行。一般情况下,不建议用脚本修改工具区域。

 课后思考

(1)视觉系统由几部分组成,各部分组成的作用是什么?

(2)如何根据被测对象进行镜头选取?

(3)镜头光源的三基色,如何根据被测对象进行光源选取?

(4)在信息输出时,Modbus参数如何进行配置?

(5)利用软件,如何进行零件数量检测的程序开发?

(6)机器视觉系统硬件选取的步骤和关键点是什么?

(7)机器视觉系统目前常用的软件有哪些?各自特点是什么?

5

视觉应用典型案例

机器视觉一般包括 3 个过程：图像获取、图像处理和图像理解。相对而言，目前图像理解技术还有待提高。该系统组成如 4-1 所示。目前，视觉系统已在零件检测、参数测量、定位导航等方面广泛应用。本章选取了几个工件应用案例来介绍视觉系统的设计和应用。

5.1 概述

RTOS 技术采用可裁剪的嵌入式实时操作系统 DSP/BIOS，实现各任务线程的调度、同步，提高系统可靠性和稳定性。光学成像技术，相机采用面阵 CCD 传感器技术，并行采集图像，精度高；采用双缓冲技术，大大提高 CCD 信号的采集速度。网络通信技术，采用 100 M 以太网实现 PC 机和一体机、智能终端和一体机的通信，图像传输快，一体机的配置信息、应用程序等可通过网络进行远程更新。图像处理技术，此为设计系统过程中的核心技术。系统任务量大，通过选择合适的图像处理算法来保证图像处理和识别的品质。

5.2 常见检测方法

MARK 点定位（见图 5-1）。MARK 点作用及类别 MARK 点也叫基准点，为装配工艺中的所有步骤提供共同的可测量点，保证了装配使用的每个设备能精确地定位电路图案。因此，MARK 点对 SMT 生产至关重要。

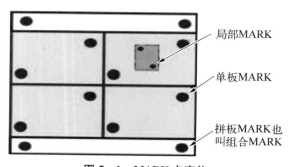

图 5-1　MARK 点定位

瑕疵检测工具有沿直线缺陷、沿圆缺陷、极值求取、线条断点检测、表面检测、字符缺陷检测。

沿圆缺陷用来检测瑕疵(见图5-2),通过取得中心缺陷的坐标来确定缺陷的位置,也可以通过极大值点来找到比如齿轮的尖头的坐标(**绿色"＋"为极大值点,红色"＋"为中心缺陷**)。

图5-2 圆缺陷检测瑕疵

极值求取包含:矩形内极值求取和圆环内极值求取。矩形内极值求取最大值是求取离带箭头的搜索边坐标最远的那个点,最小值是求取离带箭头的搜索边坐标最近的1个点或多个点。圆环内极值求解是在第一个圆和第二个圆形成一个圆环的检测路径,箭头方向为扫描方向。

检测物体表面是否有划痕。若是矩形区域,首先选择处理区域和模板大小,然后按下"开始学习"按钮,学习若干图片,单击"停止学习"按钮,将自动获得三个特征参数上下限,此时学习过程结束。

开始检测前可根据需要修改这些参数的上下限,设定好通过条件,就可以开始检测了。若是非矩形区域,第一步是要分割出此不规则区域以供检测用,在"高级选项"中勾选"非矩形区域检测"选项,选择非矩形区域的颜色,比如镍片就选择白色,运用二值化参数分割出来,边界容差根据定位误差来设,此步设置完成后就可以按照矩形区域一样进行检测了。

5.2.1 字符缺陷检测

字符缺陷检测(见图5-3)先定位字符,再进行缺陷检测。缺陷检测以灰度值为特征,根据图像比较检测的基本原理检测。

工具说明如下:

第一步:选取一组完好字符串图片,取其中一张勾画矩形框,包含字符串;

第二步:设置对话框中相应参数,进行多样本学习;

第三步:学习信号置0,进入检测阶段。

5.2.2 图案缺陷检测

图案缺陷检测(见图5-4)主要用于字符类的检测,缺陷检测以灰度值为特征,根据图像比较检测的基本原理检测。字符识别包含矩形内字符识别和圆环内字符识别。矩形内字符识别方式为从上到下逐行扫描。

5.2.3 背景差分法

背景差分法是采用图像序列中的当前帧和背景参考模型比较来检测运动物体的一种方法,其性能依赖于所使用的背景建模技术。在基于背景差分方法的运动目标检测中,背景图像的建模和模拟的准确程度,直接影响检测的效果。不论任何运动目标检测算法,都要尽可能地满足任何图像场景的处理要求,但是由于场景的复杂性、不可预知性以及各种环境干扰和噪声的存在,如光照的突然变化、实际背景图像中有些物体的波动、摄像机的抖动、运动物体进出场景对原场景的影响等,使得背景的建模和模拟变得比较困难。背景差分法检测运动目标速度快,检测准确,易于实现,其关键是背景图像的获

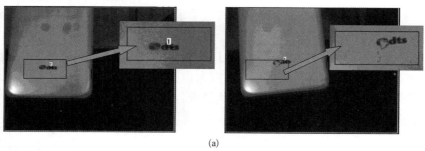

(a)

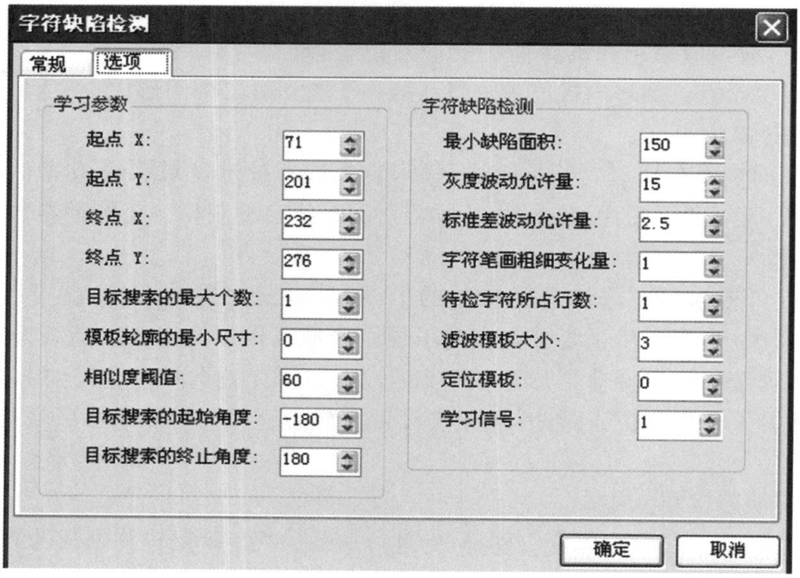

字符缺陷检测		✕
常规 / **选项**		

学习参数		字符缺陷检测	
起点 X:	71	最小缺陷面积:	150
起点 Y:	201	灰度波动允许量:	15
终点 X:	232	标准差波动允许量:	2.5
终点 Y:	276	字符笔画粗细变化量:	1
目标搜索的最大个数:	1	待检字符所占行数:	1
模板轮廓的最小尺寸:	0	滤波模板大小:	3
相似度阈值:	60	定位模板:	0
目标搜索的起始角度:	-180	学习信号:	1
目标搜索的终止角度:	180		

确定　取消

(b)

图 5-3　字符缺陷检测

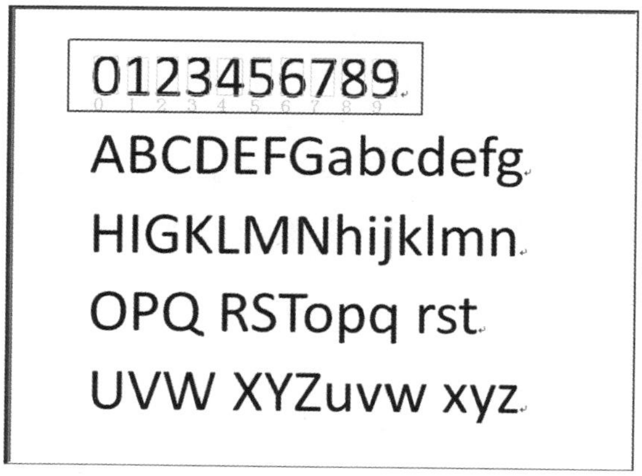

0123456789

ABCDEFGabcdefg

HIGKLMNhijklmn

OPQ RSTopq rst

UVW XYZuvw xyz

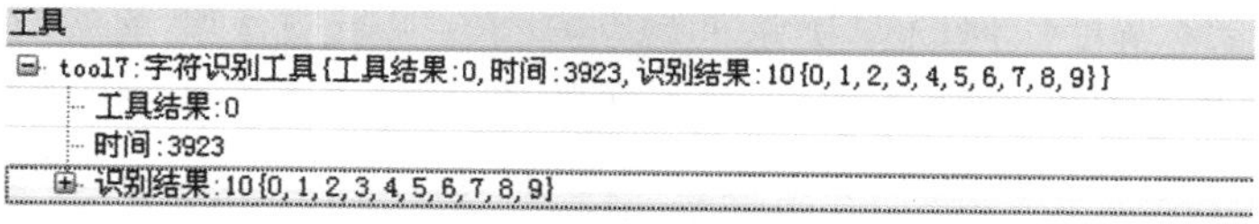

工具
⊟ tool7:字符识别工具{工具结果:0,时间:3923,识别结果:10{0,1,2,3,4,5,6,7,8,9}}
　　工具结果:0
　　时间:3923
⊞ 识别结果:10{0,1,2,3,4,5,6,7,8,9}

图 5-4　图案缺陷检测

取。在实际应用中,静止背景是不易直接获得的,同时,由于背景图像的动态变化,需要通过视频序列的帧间信息来估计和恢复背景,即背景重建,所以要选择性的更新背景。

5.2.4 测量

用来距离测量个数或距离。测量工具菜单中共有 2 种工具(见图 5-5):"距离测量"和"角度测量"。"距离测量"包括两条线的距离、测点到线的距离和测点到点的距离,不管两条线是否平行都可用,主要是由一条线上的点到另一条线的距离的平均值来表示。

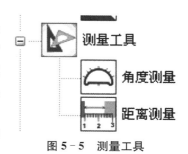

图 5-5　测量工具

"角度测量"即测两条线的夹角,若要测旋转角度,比如说是求同一条直线旋转了几度用脚本来完成。

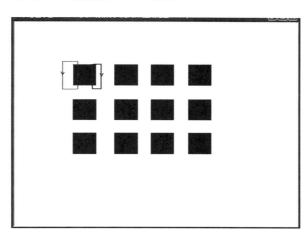

工具	值
⊞ tool5:矩形区域线定位 [时间:64,定位线段 {倾斜角:269.59,长度:47.25,距离方差:0.17,sin值:-1.0005,cos值:-0.0154,…},…]	
⊞ tool6:矩形区域线定位 [时间:24,定位线段 {倾斜角:270,长度:46.38,距离方差:0,sin值:-1.0006,cos值:0,原点距离:185.1073,…},…]	
⊟ tool7:距离测量工具(继承工具)[时间:16,距离:51.48]	
时间:16	16
距离:51.48	51.48

图 5-6　角度测量工具图

5.2.5 一维码

目前 X-SIGHT 条码识别工具主要对 EAN/UPC、Code128 一维条码和 Data Mztrix 二维条码进行识读。典型的 Code128 一维码识读工具的参数设置如图 5-7 所示。一维码工具目前能识别的码制为 128 码、39 码、EAN 码、UPC 码。其中 39 码目前可靠性不确定,EAN 主要应用于国内,UPC 主要应用于国外,EAN 和 UPC 的存储内容长度固定,128 码和 39 码可以存储相对较多的数据。

一维码制作如下:

第一步,绘制选框。

首先在工具栏中选中一维码识别工具;在图像显示窗口中按住鼠标左键不松开,移动鼠标有一个随着鼠标移动大小改变的矩形;在矩形大小合适的位置松开鼠标左键固定矩形。

图 5 - 7　一维码识读工具的参数设置

第二步,参数设定。

(1)"常规"用于设置工具的位置参照、图像参照。

(2)"形状"→"起点 X,Y"选项,在设置学习框左下角位置;或选择"终点 X,Y"选项,设置学习框右上角位置。

(3)从"选项"→"多条码使能"选项,当用户需要同时读取多个条码时,设置此参数为状态;光照不均匀使能:当条码图像表面出现严重的光照不均匀时,设置此参数为状态。

第三步,扫描间隔。在定位条码时所需进行的扫描密度,根据条码的大小来进行设置。一般条码越大则该参数可以取较大的数值,以提高整个条码的识别速度;条码越小则应该取较小的参数值,以避免条码漏检。默认情况下的扫描间隔为 4。

第四步,梯度阈值。此参数根据条码图像的模糊程度来进行设置,条码越模糊则取值越小,默认情况下设置为 50 即可。

第五步,条码类型:选择需要识读的条码类型,如 Code128。

第六步,条码白色区大小:标准条码的左右两边需要有白色区域,白色区域大小一般设置为最小模块宽度的 8~10 倍,单位为像素,最小模块如图 5-8 中的红线所画。

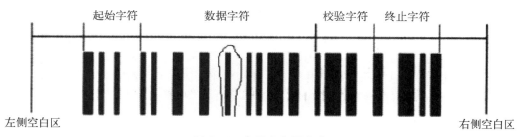

图 5 - 8　条码白色区大小

5.2.6　二维码

具有代表性的矩阵式二维条码(见图 5 - 9)有 CodeOne、MaxiCode、QRCode、

图 5-9　二维码

DataMatrix 等。目前二维码工具只能对 DataMatrix 进行识别。

1）选项

（1）"扫描间隔"在定位条码时所需进行的扫描密度,根据条码的大小来进行设置。一般,条码越大则该参数可以取比较大的数值,以提高整个条码的识别速度;条码越小则应该取较小的参数值,以避免条码漏检。默认情况下的扫描间隔为 4。

（2）"梯度阈值"此参数根据条码图像的模糊程度来进行设置,条码越模糊则取值越小,默认情况下设置为 50 即可。

（3）"条码行数"用户可以指定二维码中所包含的总的黑色行数。

（4）"条码列数"用户可以指定二维码中所包含的总的黑色列数。

（5）"条码颜色"二维码显示的颜色,默认为黑色。

2）二值图

考虑视野中只有一个物体的情况。视野中其他的"东西"都被当作是"背景",如果和背景相比,物体明显偏暗,那么很容易定义特征函数 $b(x,y)$。背景所对应的图像上的点的取值为 0,物体所对应的图像上的点取值为 1,这样的特质函数称为二值图。通过对灰度图像设定一个阈值,来获取二值图,通过设定阈值,可以将亮度大于阈值的点的特征函数值取 1,而将亮度小于阈值的点的特征函数值取 0。有时,需要将图像的"物体"某部分和背景组合成一个集合,这样做是为了便于后续的操作。这样可以方便地使用集合运算,如集合后续的操作和集合的交与并。在另外一些情况中,使用点对点的 Boole 代数会比较方便,如逻辑与或者逻辑或。这两种方法并没有本质上的区别,只是看待同一个基本操作的两种不同方式。

对于相同的图像尺寸,要表示像素点的值,二值图所需要的字节数小于灰度图,因此,更容易对二值图来进行离散、存储和传输等处理,因此二值图也会丢失一些信息,这也制约着对其进行处理。事实上,用二值图处理方法,有一套完整的理论;但是,对于灰度图,却没有这么一套完整的标准。

5.2.7　OCR 字符读取

OCR 字符识别（见图 5-10）是指电子设备（如扫描仪或数码相机）检查纸上打印的字符,然后用字符识别方法将形状翻译成计算机文字的过程,即对文本资料进行扫描,然后对图像文件进行分析处理,获取文字及版面信息的过程。如何除错或利用辅助信息提高识别正确率、友好性、产品的稳定性、易用性及可行性等是 OCR 研究的热点。

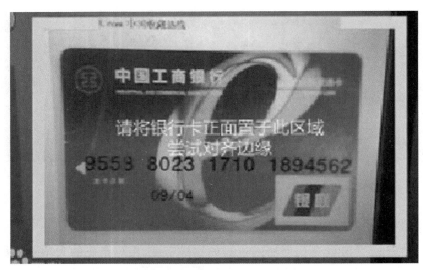

图 5 - 10　OCR 字符识别

　　由于扫描仪的普及与广泛应用,OCR 软件只需提供与扫描仪的接口,利用扫描仪驱动软件即可。因此,OCR 软件主要是由下面几个部分组成。

　　1)图像输入、预处理

　　图像输入:对于不同的图像格式,有着不同的存储格式,不同的压缩方式。

　　预处理:主要包括二值化,噪声去除,倾斜较正等。

　　2)二值化

　　对摄像头拍摄的图片,大多数是彩色图像,彩色图像所含信息量巨大,对于图片的内容,可以简单地分为前景与背景,为了让计算机更快更好的识别文字,需要先对彩色图进行处理,使图片只含前景信息与背景信息,可以简单地定义前景信息为黑色,背景信息为白色,这就是二值化图了。

　　3)噪声去除

　　不同的文档对噪声的定义不同,根据噪声的特征进行去噪,称为噪声去除。

　　4)倾斜较正

　　由于一般用户,在拍照文档时,都比较随意,因此拍照出来的图片不可避免地产生倾斜,这就需要文字识别软件进行较正。

　　5)版面分析

　　将文档图片分段落,分行的过程称为版面分析,由于实际文档的多样性、复杂性,因此,目前还没有一个固定的、最优的切割模型。

　　6)字符切割

　　由于拍照条件的限制,经常造成字符粘连,断笔,因此极大地限制了识别系统的性能,这就需要文字识别软件有字符切割功能。

　　7)字符识别

　　字符研究是很早的事情了,比较早有模板匹配,后来以特征提取为主,由于文字的位移、笔画的粗细、断笔、粘连、旋转等因素的影响，极大影响了特征提取的难度。

8）版面恢复

人们希望识别后的文字仍然像原文档图片那样排列、段落不变、位置不变、顺序不变地输出到 word 文档、pdf 文档等，这一过程就叫作版面恢复。

9）后处理、校对

根据特定的语言上下文的关系，对识别结果进行较正，就是后处理。

开发一个 OCR 文字识别软件系统，其目的很简单，只是要把影像作一个转换，使影像内的图形继续保存，若有表格则表格内资料及影像内的文字，一律变成计算机文字，使其能达到影像资料的储存量减少、识别出的文字可再使用及分析，当然也可节省因键盘输入的人力与时间。从影像到结果输出，须经过影像输入、影像前处理、文字特征抽取、比对识别、最后经人工校正将认错的文字更正，将结果输出。

5.3 工业视觉实用案例

5.3.1 基本检测应用

在人类从外界环境获取的信息中，有 70% 是来自视觉。人通过眼睛从周围的环境中获取图像信息，由大脑对信息进行处理，从而识别、理解周围的环境。计算机视觉的目的，是建立以计算机为中心的视觉系统，通过图像传感器获取图像，使用计算机实现信息处理，从而实现对三维世界的理解，在一定条件下替代人类的部分视觉工作。研究基于机器视觉的检测技术，通过计算机分析数字图像实现对被测对象某些特性的检测。具体应用包括光纤端面检测与自动熔接、集成电路晶圆质量检测等。有缺陷的物体检测如图 5-11 所示。

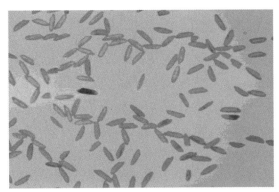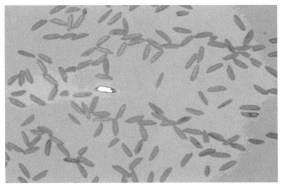

图 5-11 有缺陷构体识别

目前，我国大多数厂家对工业零部件尺寸的测量，采用的都是人工检测方法。这种依靠人力检测的方法，手段比较落后，不仅影响了生产线的工作效率，而且浪费了大量的劳动资源。检测人员的工作状态对检测结果有很大影响，造成检测效率低、精度低、成本高等缺点。随着现代制造业的发展，传统的检测技术已不能满足其需要。为了适应现代制造业生产批量大、质量要求高、检测任务繁重的特点，设计了一款基于机器视觉技术的圆孔尺寸测量系统。测量系统的硬件主要由摄影器件 CCD、图像采集卡、计算机、照明系统、工件测量台、摄影器件 CCD 支架及调整结构组成,系统结构框图如图 5-12 所示。

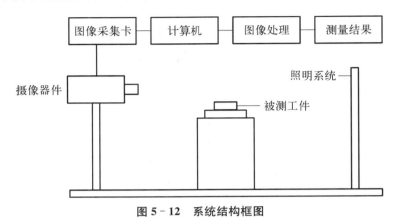

图 5-12　系统结构框图

1) 打光照明系统

考虑工业零部件表面金属光泽等因素的影响,为了保证测量系统的检测精度,需要照明系统的光源做到亮度稳定、光线均匀不闪烁、平行度高等。为此,采用了一套平行光源系统,如图 5-13 所示。光源选用 PL-PMBC-WT 型高功率 LED,该光源光照强度非常大,能减少周围环境对图像成像质量的影响。该照明系统的整体工作过程是 LED 光源发出的光经过专用散射块变成均匀的光线,再经过准直仪镜头将均匀光线变成平行光线。

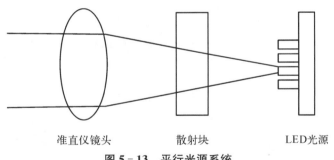

准直仪镜头　　　　散射块　　　　LED光源

图 5-13　平行光源系统

2) CCD 相机

摄像机是整个图像测量系统中最为重要的一部分,它能够将光信号转换成电信号。为了一次获得整幅二维图像的信息,采用面阵 CCD 摄像机。从 CCD 摄像机出来的图像信号是模拟信号,但计算机能分析处理的信号必须是数字信号,所以需要图像采集卡将 CCD 摄像机出来的模拟信号经 A/D 转换为离散数字信号,将离散的数字信号储存在图像的一个或多个存储单元中,当计算机发出传送指令时,经过 PCI 总线将图像信息传送到计算机内存中,以便计算机分析处理。

3) 测量系统标定

标定的目的是确定被测工件的实际尺寸与采集图像中像素数的量化对应关系,以便将图像中的点与被测物体中的点联系起来,方便提取几何特征参数。采用标准件成像法对测量系统进行标定。具体标定步骤为① 将标准件(半径为 20 mm 的标准圆形零件)水平放置在测量系统的载物台上,使标准件的边与摄像头成像平面的坐标轴平行;② 截取标准件实际读数为一定值的图片,并求得截取图片的宽度(像素数),进而求得在特定焦距、物距下视觉系统的空间分辨率。

4)圆孔尺寸的测量方法

对圆孔尺寸的半径面积等特征参数进行机器视觉测量的流程,主要包括图像采集、噪声滤波(见图5-14)、边缘提取、尺寸测量(见图5-15)、结果输出等。

利用 CCD 图像采集系统,对工业圆孔零部件进行图像采集(见图5-16)。

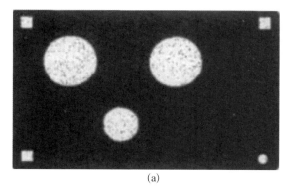
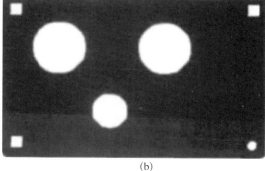

(a)　　　　　　　　　　　　　　　　(b)

图5-14　滤波处理

(a)含有噪声工业零件图;(b)经过滤波后工业零件图

插值法圆度检测结果:
中心点x坐标: 213.536 mm
中心点y坐标: 155.725 mm
圆半径: 112.940 mm
圆面积: 40 072.125 mm

图5-15　测量圆孔尺寸

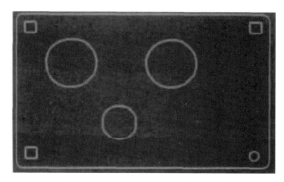

图5-16　特征提取工业零件图

工业零件圆孔半径的公称值为 9.2 mm,研制了一套基于机器视觉技术的圆孔尺寸测量系统,设计了对圆孔零件图像处理的混合噪声滤波、模糊遗传边缘检测、插值圆度测量等算法。并应用系统对半径公称值为 9.2 mm 的工业零件圆孔进行了 5 次测量。结果表明测量系统的平均值误差为 0.010 5 mm,远远低于人工测量的平均值误差 0.027 3 mm,完全能够满足工业应用中的精确性要求。

5.3.2　零件定位应用

所谓定位(见图5-17)就是找到被测的零件并确定其位置,输出位置坐标,绝大多数的视觉系统都必须完成这个工作;引导就更容易理解了,当被测物体的坐标被准确定位之后,常需要根据前一步确定的位置来完成下一个动作(如机器手进行抓取、激光进行切割和焊接

图 5-17　零件定位检测示意图

头进行焊接等）。很明显，这是视觉行业里被最密集使用的技术，定位的精度、速度和重复度就是各个视觉系统相互攀比的指标，由美国著名机器人生产厂商 Adpet 公司推出的视觉开发工具 HexSight 在这方面有着当仁不让的优势，深圳市视觉龙科技有限公司正是利用这一平台，在激光行业（切割）、半导体行业（Die bonder、COG、Wire bonder、Flip-chip Bonder、元件封装）和电子行业（SMT、制卡焊接设备）等有着诸多成功的应用。

随着科技进步和社会发展，人们的环保意识也在逐渐提高，PET 瓶作为包装材料越来越受到人们的青睐，它不仅设计灵活，价格低廉而且还有环保节能的优点。PET 瓶已经应用在越来越多的领域，应用最多的领域主要集中在饮料、食品、纯净水和日用化妆品等方面。截至 2015 年，国内的 PET 瓶年产量已经达到 600 亿只。其中饮料包装是第一大用户，约占到 PET 包装总用量的 35.9%；瓶装水包装是第二大用户，瓶装水包装占到 PET 瓶总包装量的 33.8%；其他比较大的应用领域还有食品、药品行业，但是相对来说所占份额比较少。目前，许多饮料和纯净水生产厂家的包装主要以 PET 瓶为主。但是，在工业生产过程中，由于机器本身存在的缺陷（如灌装机器密封性不好、封盖机压力不够、传送带运行速度不稳等）和外界环境的影响，灌装封盖后可能就会出现无盖、歪盖、高盖、液位不达标等不良现象。如果出现歪盖和高盖情况，饮料瓶密封性不好，在保质期内，饮料就很有可能发生变质，产生对人体不利的物质，影响消费者的健康，更严重的还可能危及生命。如果企业因为检测技术不高或者检测不严，使这些不合格的饮料流向市场，不仅会严重威胁消费者的身体健康，而且会降低企业的社会声誉，给饮料生产企业造成很大的损失。国家虽然对液位是否达标没有严格的要求，但是合格的液位更能体现一个企业的生产工艺，增强消费者的企业认同感。

因此饮料瓶封装质量问题显得尤为重要，封装质量主要包含两个方面：一是灌装后的饮料体积是否达到标准要求；二是瓶盖封装是不是完整密合的。当前饮料生产企业对饮料瓶包装问题的检测，通常采用两种方式：① 人工检测。人工检测检测效率低，尤其是近几年来生产效率不断提高，使得人工检测不能满足生产要求；检测标准不统一，人工检测出的数据可能有偏差，并且无法统一纳入公司的质量监控管理系统；人工成本增长也加大了企业经营压力；在一些特殊场合，如高温、高湿、有毒害物质的场合，都不适合让工人去检测。② 基于机器视觉检测。随着图像处理技术、自动控制技术、计算机技术及光学技术越来越迅猛地发展，基于机器视觉的饮料瓶包装检测系统越来越多地应用到实际生产中。机器视觉检测系统具有许多优点，例如检测速度快，精度高，检测目标物体标准统一，可将检测出的结果很快地纳入质量管理系统，并且能适应各种复杂的环境。随着计算机技术和图像处理技术的发展，人们的研究开始转向把视觉和机器人相结合。机器人的视觉系统通过图像处理，得到目标位置，然后根据目标位置，计算出机器运动的位置，引导机械臂进行下一步运动。基于机器视觉的饮料瓶缺陷检测和抓取系统整体框架设计，如图 5-18 所示。

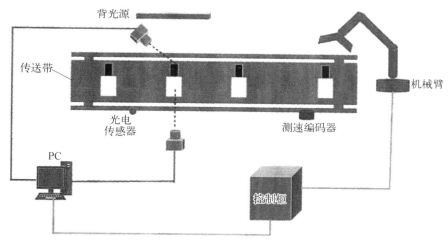

图 5‑18　基于机器视觉的饮料瓶检测与抓取技术整体框架

1）光源技术

光源质量的好坏决定着机器视觉系统能否获得清晰的图像，所以机器视觉工程师一个重要的工作就是为机器视觉系统选择合适的光源。根据检测场地条件和待测物体本身的光学特性，并结合 LED 光源本身的诸多优点，因此，本系统采用 LED 光源作为照明光源，所使用的光源如图 5‑19 所示。

考虑到主要提取饮料瓶的轮廓线，得到高质量的图像，并进行瓶盖和液位的检测。而背光照明则更适用于轮廓检测，可将复杂的轮廓变成清晰的剪影，还可进行形状和大小测量，如图 5‑20 所示。

图 5‑19　LED 光源

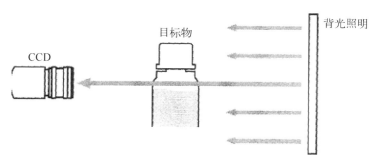

图 5‑20　饮料瓶检测背光源照明方案

2）相机选择

相机是图像采集系统中最核心的部件，相机可依靠其自身携带的芯片将光信号转变为有序的电信号，然后实现成像的功能。图像采集系统设计中的一个重要环节就是根据不同项目的需要选择与其功能相匹配的工业相机。因为工业相机所采集到的图像质量直接关系机器视觉系统识别与检测目标的效率和精确度。在实际应用中,会根据各种因素综合决定 CCD 的像素数量。结合实验要采集的目标以及成像质量的要求,选用 RS－A2300－GM 工业相机,其实物图如图 5－21 所示,性能指标如表 5－1 所示。

表 5－1　RS－A2300－GM 工业相机参数

分辨率	1 280×1 024	常规增益范围	0～15 dB
数据率	2×40 MHz	尺寸	38 mm×38 mm×37.6 mm
最大帧速	60 Hz	重量	184 g
快门方式	全局快门	工作温度	0～50℃
像元尺寸	5.3 μm×5.3 μm	电源	12 V DC(±10%)
数据格式	8/10 bit	功耗	6 W
镜头接口	C	执行标准	CE
灵敏度	22.9 DN(nJ/cm^2)	型号	RS－A2300－GM
动态范围	53 dB		

图 5－21　工业相机

图 5－22　镜头实物图

选取镜头时,需要考虑镜头的焦距、光圈、孔径、景深等参数。本系统选用 16 mm 镜头,其实物图如图 5－22 所示,性能参数如表 5－2 所示。

表 5－2　镜头的性能参数

外形尺寸	33.5 mm×36 mm
焦距	16 mm
光圈	1.4～16 C

3) PLC 控制核心

主要用于饮料瓶传输控制,属于小型系统控制,所以选用西口子 S7－200 型号的 PLC。

4) 机械手抓取系统

在机器视觉检测与抓取系统中我们采用的是 ABB 公司生产的 IRB1600 型号机械臂。此款机械臂的最大负载为 6 kg,最大工作范围为 1.2 m,运动精度达到 ±0.05～0.2 mm。这款机械臂有六个自由度。

5) 相机标定

相机是机器视觉系统里一个重要的传感器,相机性能的好坏对物体的定位精度有很大的影响。相机标定的目的就是求出相机的内外参数,然后确定像素坐标和图像坐标之间的转换关系,通过相机标定可知道相机的主点、透镜畸变、焦距、旋转矩阵、平移矩阵等参数。像素坐标系和图像坐标系之间的关系如图 5－23 所示。

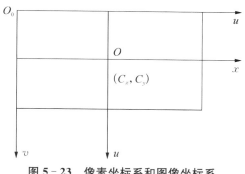

图 5－23　像素坐标系和图像坐标系之间的关系

在图 5－23 中 O 为相机光轴与图像平面的交点,即主点;O_0 为像素坐标系的原点。那么像素坐标系和图像坐标系之间的转换关系为式(5－1):

$$\begin{cases} u = C_x + \dfrac{x}{dx} \\ v = C_y + \dfrac{y}{dy} \end{cases} \tag{5－1}$$

式中,(x, y) 代表图像坐标系下任意一点的坐标;(u, v) 代表像素坐标系下任意一点的坐标。通过相机标定可知道相机的内参数,如主点坐标 (C_x, C_y) 焦距 f 等参数。相机的外参数可用来计算相机坐标系和世界坐标系之间的转换关系,如图 5－24 所示。

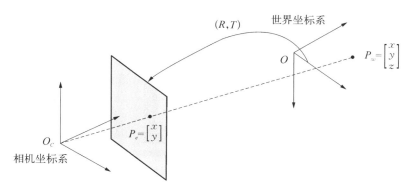

图 5－24　相机坐标系和世界坐标系之间的关系

实验中使用的相机为 RS－A2300－GM,实验使用的标定靶标为 7×10 棋盘模板如图 5－25 所示。

首先将相机固定在某个位置,在相机视场范围内,移动靶标,使用相机拍摄一组不同位置的棋盘图像。使用 Matlab 内的标定工具箱找出各个图像内的角点位置,然后求出相机的参数和畸变系数。

6) 图像处理

采用基于 OpenCV 图像处理库的开源代码,OpenCV 是 Intel 开源计算机视觉库,实现了图像处理和计算机视觉方面的很多通用算法。它不仅具有统一的结构和功能定义,具有

图 5-25　棋盘标定靶标

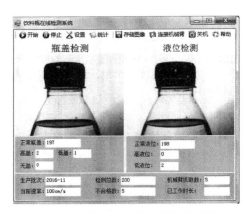

图 5-26　饮料瓶在线检测系统界面

强大的图像和矩阵运算能力,而且还有方便灵活的用户接口等优点。饮料瓶在线检测系统界面如图 5-26 所示。

5.3.3　视觉测量应用

检测在机器视觉中主要是指各类外观缺陷的检测,如图 5-27 所示。一般情况下种类繁杂,这就注定了检测在机器视觉应用中处于相对难解决的应用。最常见的缺陷表面装配缺陷(如漏装、混料、错位、错色等)、表面印刷缺陷(如多印、漏印、重印、拉丝、模糊等)、表面形状缺陷(如崩边、披锋、凸起、凹坑、磨损等)。

图 5-27　产品尺寸测量示意图

随着科技的飞速发展,生产工艺复杂程度急剧增加。为满足人们对制造业和加工业产品越来越高的质量要求,制造商在不断提高生产效率的同时加强了对产品质量的控制。更高的质量标准使得仅凭人眼测量在许多行业中已难以保证产品质量和生产效率。伴随着成像器件、计算机、图像处理等技术的快速发展,机器视觉系统正越来越多地应用于各个领域,代替人进行全自动的产品检测、工艺验证,甚至整个生产工艺的自动控制。

一般实际应用中的机器视觉系统大都由一个或多个摄像机来抓拍图像,通过图像采集卡将图像数字化,传入计算机图像处理系统处理,从而提取出需要的信息,最后由计算机发出控制命令。机器视觉测量系统主要由光学成像、视觉信息获取、图像处理和显示与控制 4 个方面构成。

光学成像在机器视觉系统中,照明系统的主要任务是以恰当的方式将光线投射到被测物体上,从而突出被测特征部分的对比度,并保证足够的整体亮度。照明系统的性能好坏由组成它的光源,以及系统所采用的照明方式决定。由于机器视觉系统可以快速获取大量信息,而且易于自动处理,易于同设计信息与加工控制信息集成,因而在一些不适合于人工作业的危险环境或人工视觉难以满足要求的场合,常用机器视觉来替代人工视觉。还有,在大批量工业生产过程中,用人工视觉检查产品质量效率低且准确度不高,用机器视觉测量方法可以大大提高生产的自动化程度。而且机器视觉易于实现信息集成,是实现计算机集成制造的基础技术。

据统计 2010 年,我国陶瓷墙砖总产量达到了 $7.576 \times 10^9 \ \text{cm}^2$,总销售额达到了 2 500 多亿元。随着人们收入和欣赏品位的提高,高端陶瓷地砖产品需求不断扩大,而这些高端瓷砖产品要求尺寸精准、平整度高。此外,高端瓷砖产品更注重无缝拼贴,在精度上的要求更加严格。目前,大多数厂家采用人工结合游标卡尺对瓷砖进行离线的接触式测量,其速度慢、效率低、影响产能,而且出错率高,容易出现检测质量不稳定等不确定因素。因此,研究一种速度快、精度高、在线的非接触式瓷砖检测方法,对提高我国陶瓷地砖产品的质量和生产效率显得非常重要。

采用机器视觉方法,通过设计一套带有反射光路的光学系统,结合基于边界搜索拟合和动态补偿的瓷砖测量算法,提出一种单相机大幅面陶瓷地砖高精度测量方法。该方法采用单相机取代传统的多相机采集瓷砖图像,可以消除多个相机采集图像不同步而导致的测量误差。在设计的光学系统中,采用单个相机采集陶瓷地砖的 4 个角图像,实现其几何尺寸的测量,如图 5 - 28 所示。该光学系统由 1 个 CCD 相机、4 个反射镜、1 个棱锥状的四棱镜及 4 个背光源组成。在测量陶瓷地砖时,由 4 个对角反射镜和 1 个中心四棱反射镜组成 8 个反射面,其中对角反射镜具有一个有效的反射面,分别安装在陶瓷墙砖 4 个对角的正上方,与陶瓷墙砖的夹角为 45°;中心反射棱镜由 4 个有效的反射面组成,这 4 个反射面与陶瓷墙砖成 45°角且呈锥形分布,形成 1 个棱锥体,它安装在陶瓷地砖中心位置的正上方,4 个对角反射镜的反射面分别与中心四棱反射镜的 4 个反射面平行。在中心反射棱镜的正上方安装 4 个 CCD 相机,而在瓷砖 4 个对角的正下方分别安装 1 个背光

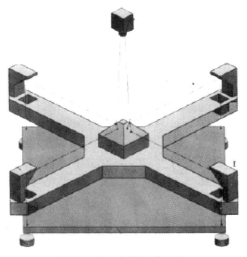

图 5 - 28　光学系统结构

源。通过背光源的照射,陶瓷地砖 4 个对角的图像通过对角反射镜反射到中心反射镜上,再通过中心反射镜直接反射到 CCD 相机,从而 CCD 相机只需拍摄面积为中心反射棱镜面积大小的视野范围,就可以直接捕捉到陶瓷地砖 4 个对角的图像信息。这种方法只需通过拍摄瓷砖很小的视野就可以计算其外形尺寸,从而保证了高精度的在线测量。

成像原理如图 5 - 29 所示。在光源的照射下,瓷砖对角的图像信息通过反射镜 1 反射

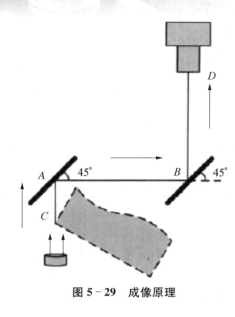

图 5‐29 成像原理

到反射镜 2 上,再通过反射镜 2 反射回相机,从而形成瓷砖的对角图像。其中反射镜 1 和反射镜 2 平行放置,且这两个反射镜与瓷砖平面的夹角为 45°。在图 5‐29 中,CA 为瓷砖和反射镜 1 之间的距离,AB 为反射镜 1 与反射镜 2 在水平方向上的距离,BD 为反射镜 2 与相机之间的距离。可以看出,成像系统的工作距离为 CA、AB 和 BD 的距离之和。

瓷砖尺寸测量系统中,4 个背光源为东莞科视自动化科技有限公司的非标准光源,该光源专为陶瓷地砖尺寸测量设计。镜头为日本 VST 公司型号为 SV‐7527V 的定焦镜头,其焦距为 75 mm。相机为日本 SENTECH 公司型号为 STC‐TB202USB‐ASH 的相机,该相机是一种具有两百万像素分辨率、单色、可选软硬件触发及多扫描模式的 CCD 相机。此外,该相机通过 USB 接口与计算机相连,可以实现图像的自动存储。该系统在测量不同尺寸类型的瓷砖时,只需要调整相机和 4 个反射镜的位置,就可以方便地进行测量。

在高精度的机器视觉测量系统中,标定是保证其精度和稳定性的基础和前提。系统的工作距离被确定之后,为了利用瓷砖图像占有的像素跨距计算瓷砖的实际尺寸,需要对系统进行尺寸标定。

本系统采用精密标定板对系统进行标定。为了提高系统的标定精度,取 10 次标定的平均值为测量系统的标定结果值,其标定值为 0.043 35 毫米/像素。此外,需要通过标定确定瓷砖测量算法中尺寸的补偿量。根据设计的测量算法,瓷砖的实际尺寸为测量尺寸和尺寸补偿量之和。对于测量尺寸,由采集的瓷砖 4 个角图像通过测量算法确定,而尺寸补偿量需要通过标定获得。为了减少瓷砖表面凹凸不平导致光线反射发生变化而对测量结果的影响,系统直接采用瓷砖本身而不是标准标定板来确定尺寸补偿量。而且,为了克服瓷砖表面颜色和形状等因素对测量结果的影响,在测量每一类型瓷砖前,重新对系统进行标定以确定其尺寸补偿量。为了避免不同瓷砖表面光线反射情况的不同而影响尺寸测量结果,需要设置图像采集系统的参数。经多次调试,将采集系统 CCD 相机合适的增益和曝光时间,采集的瓷砖图像效果较好。测量瓷砖尺寸时,首先采集待测瓷砖的 4 个角图像,然后通过设计的测量算法对其进行分析得出测量结果。图 5‐30(a)为待测瓷砖的原始图像;图 5‐30(b)为瓷砖无偏移和旋转时采集的四角图像;图 5‐30(c)为瓷砖发生偏移时采集的四角图像;图 5‐30(d)为瓷砖发生旋转时采集的四角图像。

本系统在测量 600 mm × 600 mm 瓷砖边长尺寸时,其标准差的最大值接近于 0.013 mm。这表明本系统的瓷砖尺寸测量系统完全能够满足目前 600 mm × 600 mm 高档陶瓷地砖生产中尺寸测量的需要。

5.3.4 视觉字符检测应用

光学字符验证(optical character verification, OCV)(见图 5‐31)是一种用于检查光学

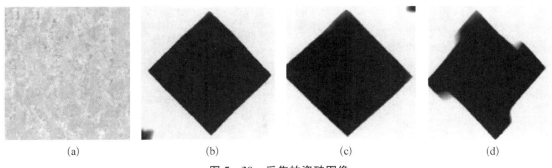

(a)　　　　　　(b)　　　　　　(c)　　　　　　(d)

图 5‒30　采集的瓷砖图像

图 5‒31　字符检测采集图像

字符识别(optical character recognition，OCR)字符串的打印或标记质量并确认其易辨识性的机器视觉软件工具。该技术除了可以检查所呈现的字符串内容是否正确,还可以检查字符串的质量、对比度和清晰度,并对品质不合格的样品进行标记或剔除。

字符检测系统的主要功能有检测字符的有无、完整性及正确与否;检测字符表面污渍;判定被检物体位置及方向;自动对检测物体定位(旋转及位置校正);自动校正字符整体偏移;可实现在线动态检测,被检物体无须停留;检测精度可调;在线检测速度≥300 个/分钟;系统检测到质量问题时,提供警示、剔除或其他控制信号;系统有自学习功能,且学习过程操作简单;系统具备局域网间通信功能。

在工业生产中,金属零件表面的字符信息用来标记识别,为了实现生产的高度自动化,提高生产效率和减少次品率,其自动化生产线上需要应用产品字符自动识别系统,用摄像机来代替人的眼睛辨识产品上的字符内容,避免费时费力的人工检测。

1) 形态学分析

形态学分析的基本思想是,用具有一定形态的结构元素去度量和提取图像中的对应形状以达到图像分析和识别的目的。在实际应用中,膨胀与腐蚀运算常均是级连复合使用,对图像先做膨胀运算,再做腐蚀运算,称为开运算;或先对图像做腐蚀运算,再做膨胀运算,称为闭运算。这样图像中小于结构元素的一些细节将被滤除,同时使保留的图像特征集合不失真,相当于对图像进行了平滑滤波。开运算对图像的平滑滤波作用表现在可清除图像中的边缘毛刺及孤立斑点,闭运算可填补图像中的边缘间隙及消除小孔。

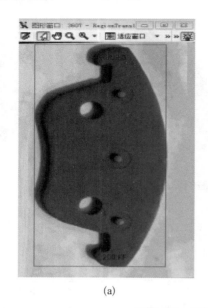 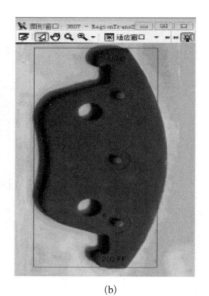

(a) (b)

图 5‑32   字符区域分割过程

（a）第一次分割 Region1； （b）第二次分割 Region2

2）字符定为分割

先取一幅图片作为模板，测得模板工件的尺寸为：半宽为 hwidth，半高为 hheight，中心坐标为（row，column）。而字符区域的位置相对于工件是固定的，能以中心坐标为中心，测出字符区域相对于中心坐标的偏差，定位出字符区域坐标。所以，只需得到图像中工件的宽或高，就能对比模板尺寸得到伸缩倍数 k，得出图像中的实际偏差，再获得工件的中心坐标，就能根据偏差定位出字符区域。经过所有图片的试验，工件左侧的阴影始终处于阈值范围内，内接于外接矩，可看成是工件的一部分，所以模板的宽也要包括左侧阴影。但上侧边缘的阴影在不同图片中分割的效果不同，不总是在外接矩内，造成工件的高和中心纵坐标不易被测得，故做两次分割（见图 5‑32）。最后根据工件中心坐标（column1，（row1＋row2）/2）、伸缩系数 k_1 以及模板中字符区域相对于中心坐标的偏差进行字符区域定位。字符分割结果，如图 5‑33 所示。

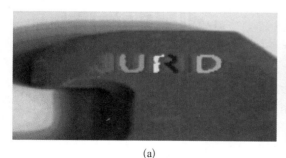 

(a) (b)

图 5‑33   字符分割结果

（a）割出的上方字符； （b）割出的下方字符

确定上下两处字符的整体位置后，将其确定为新的感兴趣区域 Regionree1 和 Regionree2，后面依次处理两处字符区域。根据灰度直方图找到峰值 Peak Gray，经过多次调试，当阈值设置为 Peak Gray−14，字符分割效果最佳。但此时的字符存在断裂的问题，尤其是字母"R"，左右部分易断裂，分割时就会分割成两个字符，如图 5−34（a）所示，字母"R"被识别成了两个目标。该问题可通过形态学中的膨胀来解决。生成每个目标的覆盖矩形，考虑到每个字符之间间隔的大小，不能无限膨胀，否则会发生字符粘连，所以要经过多次测试，确定最佳膨胀值。

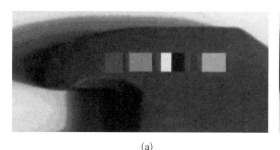 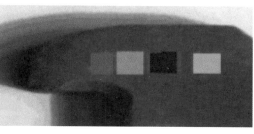

（a）　　　　　　　　　　　　　（b）

图 5−34　膨胀前后字符的覆盖矩

（a）字符断裂覆盖矩；　（b）膨胀后字符的覆盖矩

3）字符识别

Halcon 中自带多种字体模板，在大多数情况下可直接使用。因刹车上的字符只包括大写字母和数字，所以决定采用 OCR。将分割出的单个字符与系统中的模板相比对，并将置信度最大的值返回，以此达到识别的目的。识别结果，如图 5−35 所示。

使用 Halcon 自带的字符库进行识别，但 I 易被识别成 1，所以要单独识别 I。生成每个字符的外接矩后，判断外接矩的高宽比。因字符"I"上下

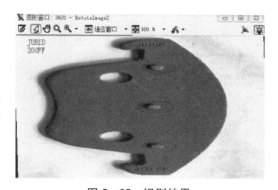

图 5−35　识别结果

两头没有勾，但数字"1"上下均有勾，在字符大写字母和数字字符系统中，"I"的高宽比一定是最大的。设定若比值＞5，则默认输出 I，若不是则继续与字符库进行匹配。定位字符理论上复杂，但设计的算法却较为简单，且刹车片表面刻印的字符只包括大写字母和数字，使用 Halcon 自带的字体模板即可识别，无须训练字体，简化了算法，所以系统识别速度较快。

 课后思考

（1）试述视觉系统在应用时要注意哪些内容？

（2）OCR 软件主要由哪几个部分组成？

（3）一维码和二维码的联系与区别有哪些？

（4）案例应用中，图像是如何标定的？

参 考 文 献

［1］Millan Sonka.图像处理、分析与机器视觉［M］.艾海舟,译.北京:清华大学出版社,2010.

［2］张铮,薛桂香,顾泽苍.数字图像处理与机器视觉［M］.北京:邮电大学出版社,2010.

［3］Rafael C Gonzalez, Richard E Woods.数字图像处理［M］.阮秋琦,阮宇智,等,译.北京:电子工业出版社,2011.

［4］田村秀行.计算机图像处理［M］.金喜子,等,译.北京:科学出版社,2004.

［5］曹茂永.数字图像处理［M］.北京:北京大学出版社,2007.

［6］朱秀昌.数字图像处理教程［M］.北京:清华大学出版社,2011.

［7］何东健.数字图像处理［M］.第 3 版.西安:西安电子科技大学出版社,2015.

［8］姚敏.数字图像处理［M］.北京:机械工业出版社,2012.

［9］伯特霍尔德·霍恩.机器视觉［M］.王亮,蒋欣兰,译.北京:中国青年出版社,2014.

［10］毛星云,冷雪飞.OpenCV3 编程入门［M］.北京:电子工业出版社,2015.

［11］［西］加西亚,苏亚雷斯,阿兰达.OpenCV3 图像处理［M］.刘冰,译.北京:机械工业出版社,2016.

［12］刘成龙. 精通 MATLAB 图像处理:Proficient in MATLAB image processing［M］.北京:清华大学出版社,2017.

［13］刘涛.MATLAB 图像处理编程与应用［M］.北京:清华大学出版社,2017.

［14］刘国华.Halcon 数字图像处理［M］.西安:西安电子科技大学出版社,2018.

［15］杨帆,王志陶.精通图像处理经典算法(MATLAB 版)［M］.北京:北京航空航天大学出版社,2018.

［16］陈莉.数字图像处理算法研究［M］.北京:科学出版社,2016.

［17］孙燮华.数字图像处理:原理与算法［M］.北京:机械工业出版社,2010.

［18］杨高科.图像处理、分析与机器视觉(LabView)［M］.北京:清华大学出版社,2010.

［19］叶韵.深度学习与计算机视觉［M］.北京:机械工业出版社,2013.

［20］余文勇,石绘.机器视觉自动检测技术［M］.北京:化学工业出版社,2017.

［21］洪汉玉,俞喆俊,章秀华.复杂光照条件下钢坯字符检测方法［J］.武汉工程大学学报,2012,34(6):65 - 68.

［22］万子平,马丽莎,陈明,等.机器视觉的零件轮廓尺寸测量系统设计［J］.单片机与嵌入式系统应用,2017,17(12):32 - 34+58.

［23］陈跃飞,王恒迪,邓四二.机器视觉检测技术中轴承的定位算法［J］.轴承,2010,4(16)：
　　　54－56.

［24］韩芳芳,段发阶,王凯,等.机器视觉检测系统中相机景深问题的研究与建模［J］.传感技
　　　术学报,2010,23(12)：1744－1747.

［25］马艳宁,陈晓荣,张运涛.基于 halcon 的刹车片字符检测算法研究［J］.电子科技,2016,
　　　29(10)：101－103.

［26］郭瑞峰,袁超峰,杨柳,等.基于 OpenCV 的机器视觉尺寸测量研究［J］.计算机工程与应
　　　用,2017,53(9)：253－257.

［27］卢清华,许重川,王华,等.基于机器视觉的大幅面陶瓷地砖尺寸测量研究［J］.光学学
　　　报,2013,33(3)：165－171.

［28］李喆,费敏锐,周文举.基于机器视觉的瓶盖表面检测技术的研究［J］.仪表技术,2012,
　　　34(9)：31－34.

［29］黎鹏,刘其洪.基于机器视觉的直齿圆柱齿轮尺寸参数测量［J］.计算机测量与控制,
　　　2009,17(4)：646－648.

［30］吴德刚,赵利平.基于机器视觉的圆孔尺寸测量系统研究［J］.应用光学,2013,34(6)：
　　　1014－1018.

［31］郝飞,陆云.零件尺寸机器视觉测量中的测量比［J］.机床与液压,2012,40(22)：
　　　109－113.

后　记

　　"加快推动新一代信息技术与制造技术融合发展,把智能制造作为两化深度融合的主攻方向;着力发展智能装备和智能产品,推进生产过程智能化;培育新型生产方式,全面提升企业研发、生产、管理和服务的智能化水平。"智能制造日益成为未来制造业发展的重大趋势和核心内容,是加快我国经济发展方式转变,促进工业向中高端迈进、建设制造强国的重要举措,也是新常态下打造新的国际竞争优势的必然选择。

　　智能制造的发展将实现生产流程的纵向集成化,上中下游之间的界限会更加模糊,生产过程会充分利用端到端的数字化集成,人将不仅是技术与产品之间的中介,更多地成为价值网络的节点,成为生产过程的中心。在未来的智能工厂中,标准化、重复工作的单一技能工种势必会被逐渐取代,而智能设备和智能制造系统的维护维修、以及相关的研发工种则有了更高需求。也就是说,我们的智能制造职业教育所要培养的不是生产线的"螺丝钉",而是跨学科、跨专业的高端复合型技能人才和高端复合型管理技能人才! 智能制造时代下的职业教育发展面临大量机遇与挑战。

　　秉承以上理念,作为上海交通大学旗下的上市公司——上海新南洋股份有限公司联合上海交通大学出版社,充分利用上海交通大学资源,与国内高职示范院校的优秀老师共同编写"智能制造"系列丛书。诚然,智能制造的相关技术不可能通过编写几本"智能制造"教材来完全体现,经过我们编委组的讨论,优先推出这几本,未来几年,我们将陆续推出更多的相关书籍。因为在本书中尝试一些跨学科内容的整合,不完善难免,如果这些丛书的出版,能够为高等职业技术院校提供参考价值,我们就心满意足。

　　路漫漫其修远兮。中国的智能制造尽管处在迅速发展之中,但要实现"中国制造2025"的伟大目标,势必还需要我们进一步上下求索。抛砖可以引玉,我们希望本丛书的出版能够给我国智能制造职业教育的发展提供些许参考,也希望更多的同行能够投身于此,为我国智能制造的发展添砖加瓦!